我們身體裡 的
生命演化史

演化如何打造出身體，而身體的演化又如何構成新的物種？
一部關於器官、組織、細胞、DNA長達40億年的故事。

SOME ASSEMBLY

Decoding Four Billion Years of Life, from Ancient Fossils to DNA

REQUIRED

Neil Shubin

尼爾・蘇賓 ———— 著 鄧子衿 ———— 譯

紀念我的父母：

西摩爾與葛羅莉亞·蘇賓

推薦文

創新者的DNA

黃貞祥（清華大學分子與細胞生物研究所 生命科學系助理教授）

　　雖然我很不擅長飼養動物，但從小也養過斑鳩、烏龜、兔子等等，現在家有三隻貓，實驗室有好幾籠雞、十姐妹和虎皮鸚鵡。看著這些小動物，真的很好奇，牠們是如何從一個單細胞的受精卵，幾乎分毫不差地長成現在的模樣。即使有些差錯還是在所難免，讓牠們長出奇形怪狀的羽毛，反而更得人喜愛。

　　為了瞭解牠們的基因如何形塑出動物該有的模樣，我決定投身一個稱為演化發育生物學（Evolutionary Developmental Biology，簡稱 evo-devo）的領域，來探究基因的變與不變，如何指導動物發育出正常的器官和特徵，又如何在限制中有所創新，而演化出新穎的特徵甚至器官。博士班時研究的是果蠅的體色和性梳，博士後迄今研究的是鳥羽和鳥喙的發育和演化。

　　拜DNA定序的日新月異之賜，不僅造福了生物醫學領域，讓我們能夠快速鑑定出造成疫情大流行的冠狀病毒是罪魁禍首以及後來發生的突變株，我們也開始仔細閱讀祖先留給我們的遺傳藍圖，並且定序了一個又一個物種，並將這些藍圖用高速電腦作仔細的比對，把基因體的知識用在解決生物演化和發育的問題上。在我踏入這個領域的近二十年間，我們有了許許多多成果斐然的發現。

著名的古生物學家蘇賓（Neil Shubin）在這本新書《我們身體裡的生命演化史》(*Some Assembly Required)* 中，娓娓道來這些演化發育生物學和基因體學的精彩故事。蘇賓上一本書《我們的身體裡有一條魚》（*Your Inner Fish*）用許多生動有趣的案例，說明我們從海裡的魚演化成人類，還遺留著多少我們魚類祖先的痕跡，讓我們更瞭解我們的身體。

雖然研究的主要是古生物，但蘇賓對發育生物學、分子生物學和基因體學的知識非常淵博，在演化生物學的歷史和理論方面也有很深厚的功力，加上他很擅長講故事，很難找到比他更適合來寫這個主題給大眾的學者了。這是極為難能可貴的，因為古生物學和分子發育生物學思考問題的差異很大，甚至在有一些美國大學還水火不容，芝加哥大學的朋友也跟我說過，蘇賓所屬的機體與解剖學系和生態及演化系雖有不少教授同樣是進行演化生物學研究的，但一向不甚融洽。

蘇賓最有名的學術成就，是找到海洋魚類演化成陸生動物的關鍵環節，也就是提塔利克魚（Tiktaalik roseae），他也曾在中國東北發現一億六千萬年前的蠑螈始祖。我本以為古生物學家出身的蘇賓在分子發育學的學術興趣是半路出家，但讀了《我們身體裡的生命演化史》才知道，原來從苦哈哈的學生時代，他就一直對這方面的新進展保持高度興趣。蘇賓在分子發育生物學的功力不僅用來寫科普書，他在古生物學領域有了很突出的貢獻後，現在他的實驗室正積極破解魚鰭如何演化成陸生脊椎動物四肢的遺傳、分子及發育機制之祕密，近年發表了不少重要的論文。

就因為蘇賓非常地跨界，《我們身體裡的生命演化史》讓我們彷彿能親臨其境地回到演化的歷史現場，收集動物祖先的 DNA 回到現代生物學的實驗室，用先進的儀器來研究牠們的基因變化，如何造就陸上這麼多彩繽紛的生物多樣性！

蘇賓把古生物學和現代生物學調和得很有滋味，我們和演化大師們一起在他們的年代，思索當然新發現的證據，究竟放在生命大拼圖中的哪一塊，其真相和意義又是如何？雖然我們可能早就知道陸生動物從海洋演化而來、恐龍演化成鳥飛上天的故事，也知道 DNA 是遺傳物質，甚至連 mRNA 都能當作疫苗的材料，還知道有所謂的跳躍基因甚至自私的基因，但跟著蘇賓一起見識大師們的真知灼見，還是非常感動！

《我們身體裡的生命演化史》提到湯瑪士・亨利・赫胥黎（Thomas Henry Huxley，1825~1895）的學生聖喬治・傑克森・米瓦特（St. George Jackson Mivart，1827~1990）的故事，他雖然最初是達爾文演化論的支持者，但後來成了一個直言不諱的批評者，抨擊天擇無法解釋有用結構的初始階段，並且質疑如果演化是通過突變和天擇逐漸變化的過程，那麼主要的轉變應該如何出現？神創論者現在還用這招試圖否定演化論。

蘇賓指出，很多器官現在的功能，其實和它們剛演化出來時很不一樣，書中提到的羽毛，剛好就是我的研究材料。羽毛在獸腳類恐龍身上就出現了，是拓展適應的好例子，因為羽毛剛演化出來時，不管是保暖還是求偶，都和飛翔沒任何關係，只是剛好很適合改變成符合飛行流體動力學的結構，才演化出用於飛翔的功能。就像智慧型手機現在的功能五花八門，但一開始只能打電話（這個功能反而少用了）。如果有人說沒有觸控螢幕、不能上網玩遊戲的就不算是手機，會不會莫名其妙呢？

　　另外，演化也是會抄捷徑的，而非從頭開始發明新特徵，而是重新利用現有特徵。我們的社會也都是在原有的框架中創新的，就像決定馬路和鐵道寬度的是古羅馬時代拉車的兩匹馬屁股寬度。蘇賓當然也要提到魚的鰾，如何被重新改造成陸生動物的肺。

　　儘管我們看到了許多新特徵，但大部分基因仍是非常保守的，我們祖先如何在不傷及原有正常基因功能的情況下產生演化上的創新？日裔美國遺傳學家大野乾（Susumu Ohno）提出基因複製在分子演化中發揮了關鍵作用，因為多了一個備份，一個基因能繼續裝矜持操守家業，另一個就可以離經叛道搞出新花樣。這個理論當初剛提出時並沒有獲得太大回響，但基因體學興起後，大野乾的先知卓見才被重視。

　　《我們身體裡的生命演化史》中，大野乾還有一個驚人的「壯舉」，用染色體照片秤重，就估算出一些物種的基因體大小！然後我們也赫然發現，我們人類和黑猩猩的基因體有 98% 以上可說是同出一轍。那我們又是如何長得和黑猩猩大不相同呢？這是因為我們大部分基因在時間及空間的開關調控和黑猩猩不一樣，就像同樣的食材，名廚只是刀工和火候以及食材處理的先後順序上下工夫，就能巧奪天工地烹飪出美食，但我只能做出微波食品。這個理解，要拜富蘭索瓦・賈可布（François Jacob，1920~2013）和賈克・莫納德（Jacques Monod，1910~1976）開創的基因調控研究和發現所賜。

科學是站在巨人肩上完成的，介紹用發育生物學來理解生物演化的想法，一定要追溯到蘇賓介紹的德國博物學家卡爾・恩斯特・范貝爾（Karl Ernst von Baer）和恩斯特・赫克爾（Ernst Haeckel，1834~1919）；後者觀察到不同物種的早期胚胎看起來非常相似，提出名句「個體發生（Ontogeny）重現了親緣關係（phylogeny）」，這個說法現在雖然被修正了，但仍啟發了不少研究。

好多演化大師也會陸續出場，例如華爾特・戈斯登（Walter Garstang，1968-1949）從不變態的蠑螈得到靈感，提出所有脊椎動物的祖先都是海鞘發育過程中幼蟲，非常有啟發性。甚至我們也發現鳥類可能也算是恐龍幼齒的時期，我們人類相較黑猩猩也是如此；蘇賓在加州大學柏克萊分校的同事妮可・金恩（Nicole King）也是我博士班指導教授同實驗室出身的同儕，她在領鞭毛蟲（Choanoflagellate）的研究，讓我們瞭解到多細胞動物如何從單細胞演化而成。

《我們身體裡的生命演化史》提到的有些洞見當初是令人

感到匪夷所思的，要能提出還需要不少的勇氣，像芭芭拉·麥克林托克（Barbara McClintock，1902~1992）的跳躍基因就是。後來我們知道跳躍基因和一些新特徵的演化有關，例如哺乳動物的懷孕就可能與之有關；還有琳恩·馬古利斯（Lynn Margulis，1938~2011）的細胞內共生假說，認為真核細胞內的粒線體或葉綠體的真身就是遠古的細菌，這不就是傳說中的合體嗎？這個超越時代的論文，當時可是被十五家期刊拒絕刊登的，她有好一段時間被學術圈視作異端。

　　現在世界都冠狀病毒搞得七葷八素。自私的病毒會為了自己的繁殖而徵用宿主的生化機制。一些病毒基因可能意外地或在有逆轉錄病毒的情況下，插入宿主的 DNA 中。這種病毒 DNA 可以被重新利用，為快速演化提供了另類材料。我們甚至還把細菌對付病毒的分子機制，改造變成了一個強大的生物技術工具 CRISPR，來進行精細的基因編輯。

　　我們現在對如何組合新生命還沒有完全的瞭解，未來肯定也還會有許許多多令人興奮的新發現，讓蘇賓的這本《我們身體裡的生命演化史》開啟這個發現之旅吧！

推薦文

組合新生命
——千變萬化的生物，竟然有一以貫之的道理？

寒波（《盲眼的尼安德塔石器匠》部落主）

多年以前，我對演化還沒有多少認識的時候，看過一篇探討演化創新的論文，開頭介紹生命演化出新的玩意，主要有兩種方式：一種是基因複製（Ohno, 1970），另一種是基因改變調控的方式（King and Wilson, 1975）。

當時只覺得驚奇，原來生命創新的奧祕這麼單純？幾年下來卻深深體驗到，「Ohno」與「King and Wilson」真的無所不在，而且適用範圍不局限於分子演化，也能解釋肉眼可見的形態變化。

例如解釋新形態的誕生：動物怎麼演化出多段體節或骨骼？基本道理很簡單，同樣的結構經過複製即可，就像重疊一樣的積木。

但是有些體節、附肢，像是龍蝦的大螯和後面的腳就長得不一樣？這也不難，只要稍微改變發育的過程，這邊增大一點，那邊延遲一些，不同組合之下，便是各種生物千變萬化的形態結構。長頸鹿的脖子比人長那麼多，骨頭卻一樣都是七節頸椎！

　　《哈利波特》有段劇情，妙麗中了暴牙咒，牙齒一直長到嘴巴外面。她在接受治療、讓牙齒縮回去的時候，稍微遲了一點喊停，順便矯正了原本的暴牙。這其實就是改變發育的時程，使形態變得不一樣。

　　正常的發育之外，這個架構也能繼續衍伸，解釋病態的癌症。癌細胞正是生物自己的細胞，卻不受控制的複製與表現，產生病態的結果。

　　從古至今，由裡到外，不論常態或病態，生命之道歸根究底都是類似的。現代的白頭翁、兩億年前的蘇鐵、三億七千五百萬年前的提塔利克魚（Tiktaalik roseae），甚至一直到四十億年前最初的生命體，生命遵循一以貫之的道理。

　　這就是《我們身體裡的生命演化史》想與各位讀者分享的事。

大師的傳承

　　《我們身體裡的生命演化史》的作者叫作尼爾·蘇賓（Neil Shubin），台灣人最可能由兩個管道認識他。他是古生物「提塔利克魚」的發現者（提醒各位讀者，和名字有點像的「塔利怪物」不一樣），另外十幾年前寫過一本科普書《我們的身體裡有一條魚》，在台灣小有名氣。

1960 年出生的蘇賓系出名門，與大師有過許多直接接觸的經驗。他在哈佛大學讀博士的期間，定期和當時超過八十歲的邁爾（Ernst Mayr）見面討論。邁爾的科普書《這就是生物學》也在台灣出版過；人人琅琅上口的「物種」定義──能夠交配並產生有生育能力的後代──便是他的見解。

在哈佛求學的時候，蘇賓還當過古爾德（Stephen Jay Gould）的助教，這位演化學家的名氣遠超出學術界，多數人不清楚他做過什麼研究，甚至不知道他寫過哪些科普書，卻都聽過他的大名。現在回顧，影響力驚人的古爾德，當初論點未必完全正確，卻相當有啟發性。

從紐約的哥倫比亞大學畢業，又在波士頓獲得哈佛博士學位之後，蘇賓決定離開寒冷的美國東岸，前往西岸的加州柏克萊大學追求陽光，卻碰上難得的寒流。這場天災導致數千隻蠑螈凍死，給了他難得的機會，研究族群內的個體差異，探討不同生物的發育模式，是如何演化而成。

古爾德在課堂上曾經問到：演化看似有許多偶然事件，假如某次隕石沒有落下，生命的發展史會差多少？古爾德的觀點是：某些結果不會改變。

蘇賓認為，生命演化有種種影響因素，卻多半不是「意外」。不同生物其實是以不同方式，抵達相同的地方。就像與外界相對隔絕的澳洲，有袋類動物長期獨立發展之下，出現了袋獅、袋熊、袋獾等動物；牠們都是有袋類，卻和沒有近親關係、住在其他地方的動物，衍生出相似的形態、生態等特徵。

假如生命重新來過，重要的特徵還是會出現。以邁爾的話來說：不是「可能出現的最佳世界」，而是「可能出現的世界中的最佳世界」。

結合化石與 DNA，全面認識生命演化史

蘇賓後來成為另一間世界級名校——芝加哥大學——的教授，以及菲爾德自然史博物館的研究者，最知名的成就為找到提塔利克魚：「這種魚有脖子、肘部和腕部，連接了水生動物和陸生動物之間的演化空隙，揭露出人類遠祖還是魚的重要時刻」。

然而，作為尋找化石的古生物學家，蘇賓也對分子生物學很有興趣，甚至造詣頗深。他自己的說法是：「就像那些化石物種一般，身為一名科學家的我也必須要演化，否則就會滅絕。儘管滅絕對一個科學家來說無關緊要，深入瞭解遺傳學、發育生物學和 DNA 的世界也能讓我在這一行中持續下去。」

古生物學家就算不懂分子生物學，也不一定會滅絕，但是求知欲強烈的蘇賓，怎麼肯滿足於生存？「自從看了那些論文之後，我的實驗室有點像是裂腦了一樣，在夏季進行田野工作尋找化石，剩餘時間則研究胚胎與 DNA。兩種方式都為了回答同一個問題：生命演化史中重大的改變是如何發生的？」

蘇賓在很好的環境下，受過優秀老師的教導。早在 1980

年代，邁爾已經預期到分子生物學會帶來重大變革，鼓勵學生持續關注。蘇賓繼承哈佛大師的前瞻眼光，深刻地認識：「利用 DNA 進行的研究，可以回答以前只能靠研究化石才能回答的問題。除此之外，我還瞭解到，研究 DNA 能讓我知道驅動化石所顯現變化的遺傳機制。」

台灣絕大部分的人，即使是留洋博士，也沒有機會親身受到指導、體驗科學大師的風範。但是不少大師並不藏私，如邁爾、古爾德、蘇賓等頂尖的科學家，除了教學、研究，也不吝於向大眾介紹自己的思想。這是我們的知識與文明，能夠不斷進步的泉源之一。

科學研究的時代與人

踏入學術四十多年的蘇賓不但經驗老道，專業成就受到認可（2011 年獲得美國國家科學院院士），虛心求知下還相當博學。更難得的是，蘇賓的文筆相當好讀，《我們的身體裡的生命演化史》的架構也十分清楚，順著作者安排的脈絡，讀者能輕易認識那些論點提出的時代背景、先後傳承與影響，還有一些有趣的軼事。

比方說，「Ohno 1970」的大野乾（Susumu Ohno），當初研究基因組的方式，竟然是把染色體的照片剪下來秤重，比較不同生物的差異！他還會把遺傳訊息編成樂譜，和身為音樂家的夫人一起演奏。

　　而「King and Wilson, 1975」的瑪莉－克萊兒·金恩（Mary-Claire King），當年其實是活躍的社運分子，成天參加抗議活動。她在柏克萊大學認識了數學天才艾倫·威爾森（Allan Wilson），教授建議她可以讀個博士，有助於未來在政治領域發展，結果躁動的熱情，就此投入科學。

　　大部分人不知道金恩和威爾森，不過也許聽過「人類跟黑猩猩有 99% 基因一樣」？此一概念就能追溯到他們 1975 年的那篇論文。

　　總之，這本書不但好讀，篇幅不長，內容更是高潮迭起。只讀一次，多讀幾次，都會有不同的收穫。

目次
Contents

以前大家都認為羽毛是為了幫助鳥類飛行、肺臟是為了讓動物
在陸地生活而出現的。這些看法合乎邏輯又顯而易見，但卻是
錯誤的。

墨西哥虎螈發生變態（metamorphosis）後，幼體的鰓消失了，
頭顱骨骼、四肢和尾巴重新改造，從水生生物變成陸生生物
了。這個從水中到陸地的轉變，數億年前發生在人類的魚類祖
先身上，而在蠑螈幾天的變態過程中重現了。

人類的 DNA 包裹得非常緊密，如果打開拉直，首尾連接，約
有兩公尺長。而人類上兆個細胞中每一個都有這樣緊密彎曲的
分子，縮成最小沙粒的十分之一大小。如果把這四兆個細胞中
的所有 DNA 分子都首尾相連，可以從地球連接到冥王星。

前言
Prologue

　　數十年來，我的工作是敲開石頭、尋找化石，這份工作改變了我對生物的看法。瞭解其中的方法之後，你就會知道我的科學研究工作是在全世界找尋各種化石，像是有前肢的魚、有腿的蛇、能夠直立步行的猿類——所有指出生命演化史中重要時刻的古代生物。在《我們的身體裡有一條魚》（*In Your Inner Fish*）中，我描述周詳的計畫和上好的運氣，如何讓我和我的同事在加拿大北極區域（High Arctic）發現了提塔利克魚（*Tiktaalik roseae*）。這種魚有脖子、肘部和腕部，連接了水生動物和陸生動物之間的演化空隙，揭露出人類遠祖還是魚的重要時刻。將近兩個世紀以來，這類的發現讓我們瞭解演化如何發生、身體如何構成，以及它們續存的方式。不過古生物學已來到產生改變的重大時刻，這時刻剛好是大約四十年前我的職業生涯剛起步之際。

　　我小的時候常看《國家地理雜誌》和電視科普節目，很早就知道自己想加入考古採集工作，去發掘化石。這項興趣致使我去哈佛大學念研究所，並於 1980 年代中期首度帶領幾次尋找化石的活動作結。當時我的能力還不足以到偏遠地點，所以只能探索麻州劍橋南部路邊的岩層。有次採掘之旅回來，我發現我的桌上放了一大疊期刊論文。這堆論文讓我瞭解古生物學這個領域要有重大轉變了。

有位研究所同學在圖書館中發現到這些論文，說明了有許多實驗室已經發現能幫助動物身體形成的 DNA，也找到讓果蠅的頭部、翅膀和觸角發生出來的基因。光是這樣就夠了不起了，但其中的意義不僅於此：同樣基因的不同版本，也打造出魚類、小鼠和人類的身體。這些論文描繪出的景象，點亮了一個新的科學領域——能夠解釋動物胚胎發育的過程，以及動物數億年來演化的過程。

利用 DNA 進行的研究，可以回答出以前只能靠研究化石才能回答的問題。除此之外，我還瞭解到，研究 DNA 能讓我知道驅動化石所顯現變化的遺傳機制。

就像那些化石物種一般，身為一名科學家的我也必須要演化，否則就會滅絕。儘管滅絕這件事情對一個科學家來說不要緊，深入瞭解遺傳學、發育生物學和 DNA 的世界也能讓我在這一行中持續下去。自從看了那些論文之後，我的實驗室有點像是裂腦了一樣，在夏季進行田野工作尋找化石，剩餘時間則研究胚胎與 DNA。兩種方式都為了回答同一個問題：生命演化史中重大的改變是如何發生的？

過去二十年來，技術以令人震撼的速度進展。以前人類基因組計畫（Human Genome Project）耗資數十億美元，花了十

年才完成。如今透過基因組定序儀，只消一個下午就可以完成
定序，而且要價不到一千美元。更何況 DNA 定序只是一個例
子而已。電腦的運算能力和影像技術讓我們能一窺胚胎的內
部，甚至看到細胞中分子運作的過程。DNA 的技術如此強大，
讓我們能夠複製蛙類和猴類這些差異很大的動物，還能把人類
或是果蠅的基因植入小鼠體內。現在幾乎所有動物的 DNA 都
可以編輯，讓人有能力改造幾乎所有動物與植物的遺傳密碼；
這些密碼指揮構成了生物的身體。我們現在能夠從 DNA 的層
面來問說：哪些基因的組合讓青蛙不同於鱒魚、黑猩猩或是人
類？

　　科技的改革把我們帶到了這個非凡的時刻。岩石與化石再
加上 DNA 技術，發揮出來的力量讓人可以去探究達爾文以及
他同時代的科學家所困擾的問題。新的實驗所揭露出，數十億
年演化史中充滿了合作、改變目標、競爭、偷竊以及各種戰
爭，而這還只是發生在 DNA 內部而已。再加上病毒持續地感
染生物，使得 DNA 與其他的 DNA 之間產生了戰爭；而動物
的基因組在代代相傳的過程中持續發揮作用，同時也被攪得混
亂。是這樣的動態變化造就了新器官與新組織，生物特徵上的
創新，改變了世界。

　　打從生命出現之後，整個地球在接下來的數十億年來，都
是微生物的樂園。大約在十億年前，單細胞生物創造出了身
體。又過了幾億年，從水母到人類等生物的祖先出現了。從那
個時候開始，生物演化出會游泳的、會飛行的，以及能夠思

考的，每項新發明都預示了未來。鳥類利用翅膀和羽毛飛行，生活在陸地上的動物具有肺臟和四肢，其他的特徵還有很多。從最簡單的祖先開始，動物演化直到現在，有的生活在海洋底部，有的居住在不毛的沙漠，有的在最高的山區繁衍，有的甚至能在月球上漫步。

在生命演化史中發生的重大轉變，讓動物的生活方式與身體組織方式產生了改頭換面的變化。從魚到陸生動物的演化、鳥類的起源、從單細胞生物開始具備多細胞組成的身體，這些都只是生物演化史中的幾個變革而已，而科學從中發現的內容已讓人夠驚訝了。如果你認為羽毛是因為能夠幫助動物飛行而出現的，或是肺與腿是為了讓動物走上陸地才有的，那麼你就和其他人一樣錯得離譜。

這個科學領域的進展能幫助我們回答一些關於自身存在的基本問題：人類能夠出現在地球上是機率造成的結果，還是演化史以某種方式讓人類的出現成為必然？

生命的歷史綿長而奇特，是一個充滿嘗試錯誤、偶然與必然，以及繞道、改革與發明的驚奇之旅。我們正在探索這個過程，這就是本書將要描述的故事。

1
五字箴言
Five Words

　　有人是在實驗室中或是在田野中，發現自己一生想要研究的主題，而我是在一張幻燈片中發現的。

　　剛成為研究生後不久，我就選了一門由某位資深科學家所開設的課程，他對生物演化史有重要的貢獻。這門課有如狂風暴雨般，將最新的重大演化之謎快速地呈現出來，每週課堂討論的材料都是不同的演化轉變。在初期課程的某一堂中，教授展示了一幅漫畫，那是在 1986 年當時我們所知道的魚類到陸生動物的轉變。圖的上方畫了一條魚，底下則是早期的兩生動物化石。一個箭頭從魚指向了兩生動物。吸引我目光的並不是魚，而是那個箭頭。我看著那張圖而感到大惑不解：魚在陸地上行走？這是怎麼辦到的？這個第一等的科學謎題自此成為我研究生涯的開端，有如一見鍾情。之後四十年，我在南北極之間、七大洲之上找尋化石，就為了瞭解這個事件是如何發生的。

　　不過，當我努力對親朋好友解釋我所追尋的目標時，通常得到的都是痛苦的眼神或是有禮貌的問題。魚類到陸地動物之間的轉變，代表了要發展出新的骨架，以及要利用肢體步行而不是用鰭游泳。此外，還要出現新的呼吸方式，使用肺而不是鰓。與此同時，攝食方式與生殖方式也要改變，因為在水中進食與產卵，與在陸地上完全是兩碼子事。基本上，身體中每個系統都要同時改變。如果有能夠在陸地上行動的四肢，但卻無法在陸地上呼吸、進食或生殖，那麼在陸地上生活有什麼好處？在陸地上生活，不只是要有一種全新的特徵，而是要有數百種。在生命演化史中其他數千個轉變發生時，例如發展出直立雙足步行的能力，或是身體的出現，當然也包括生命的起源等，都面對了相同的困境。我要追求的事情似乎在起步時就注定悲慘。

我們可以援引著名戲劇家莉蓮・海爾曼（Lillian Hellman）的一句話，來找到解決這個困境的方式。1950 年代在她生活艱困的時期，被列入美國眾議院非美活動調查委員會（House Un- American Activities Committee）的黑名單中。她如此描述當時的生活：「當然，沒有哪件事情是在你所想的那個時間點才開始的。」她不經意地道出研究生命演化史時最重要的概念，這個概念能用來解釋地球上所有生物的幾乎所有器官、組織，甚至 DNA 片段的起源。

在生物學中，這個概念萌芽自科學史上最為自我毀滅某個人物的研究工作。不出所料，他因為因為犯錯而改變了整個領域。

———————

　　為了瞭解近來基因組發現所具有的意義，我們需要回頭看看早期的探索事蹟。維多利亞時代的英國是許多重要概念和發現的大熔爐。如果用詩意的說法來敘述，就是在那個年代，人們知道了 DNA 在生物演化史中的作用，但還不知道有基因的存在。

　　聖喬治‧傑克森‧米瓦特（St. George Jackson Mivart，1827~1990）出生於倫敦，雙親都是虔誠的基督教新教教徒。他的父親原本是一名管家，後來擁有倫敦最大的旅館。父親的地位讓他有機會晉身紳士階級，並且選擇自己想要從事的職業。他和同時代的達爾文一樣，天生就熱愛自然，打小時候起，他就收集昆蟲、植物和礦物標本，同時寫下大量的田野調查筆記，還設計了分類圖譜。看來米瓦特注定要投身到自然史研究當中。

　　之後主宰他個人生活的事件（對抗權威）出現了。他在十歲前後，對於家中所信仰的英國國教越來越感到不舒服，於是改信了羅馬天主教，這對於十六歲的青少年來說相當大膽，讓他的雙親受到衝擊，還造成了出乎意料的結果。米瓦特改信羅馬天主教，代表他不能就讀牛津大學或劍橋大學了，因為當時英國大學不收天主教徒。由於不獲准就讀任何自然史課程，他唯一的選擇就是去讀入學不受宗教信仰限制的律師學院（Inns of Court）。就這樣，米瓦特成為了律師。

　　我們並不清楚米瓦特律師是否執業過，不過他的最愛依然是自然史。他因為具有紳士的身分，加入了高級的科學社群，並與當代重要的科學人物建立了關係，其中最重要的是湯瑪士・亨利・赫胥黎（Thomas Henry Huxley，1825~1895），此人後來成為達爾文理論在公眾圈中最重要的捍衛者。赫胥黎本人是傑出的比較解剖學家，還招募到一群熱情的信徒。米瓦特和這位偉大的人物變得親近，在他的實驗室工作，甚至還參加了赫胥黎家族的聚會。在赫胥黎的教導下，米瓦特對於靈長類動物的比較解剖學做出了重大貢獻，尤其是在結構描述方面。他對於骨骼細節的描述，直到在今日依然很有用處。1859 年，達爾文的《物種源始》（On the Origin of Species）首度出版，米瓦特認為自己之所以支持達爾文的新理論，是受到赫胥黎的熱情所影響。

　　不過，就如同他年輕時如何對待英國國教的信仰，米瓦特對於達爾文的漸變理論也逐漸產生了強烈懷疑，並且提出了許多反對的理由。他開始在公開場合發聲，一開始還比較溫和，後來力道越來越強。他收集了支持自己反對意見的證據，寫了一本著作回應《物種源始》。如果他在自然史領域的老夥伴中還有些人把他當成朋友看，那麼這本書的標題就讓他在這領域中連一個朋友都不剩了。他把達爾文的著作改了一個字，成為《物種創始》（On the Genesis of Species）

聖喬治‧傑克森‧米瓦特（St. George Jackson Mivart）。在演化爭議中，他得罪了支持與反對兩方。

　　之後米瓦特也讓天主教會同樣不好過。他在教會的雜誌上寫說，處女生孩子與教會信條無謬誤論等等，都與達爾文的理論同樣不可靠。《物種創始》出版之後，米瓦特被科學界放逐了；他的文章則讓天主教會在 1900 年他去世之前六週，把他逐出了教會。

　　米瓦特對達爾文的挑戰，讓我們一窺維多利亞時代知識界當中的刀光劍影，同時清楚呈現了反對達爾文理論的理由，這類看法後來一直有許多人提出。他在攻擊達爾文理論的書中，一開始認為自己屬於第三方，想用開放的態度博得讀者的信賴，他如此寫道：「自己的出發點，並不是要反對達爾文新奇的理論。」

　　接下來一章中，米瓦克開始舉出案例，以此勾勒達爾文理論中的致命缺陷，意即「天擇無法解釋有功能的結構一開始是怎麼出現的」。達爾文的書名雖然短小簡單，卻包含了重要的主題：他認為演化的進行方式，是由一個物種經由無數的中間階段而形成了另一個物種。演化能夠進行，是因為這些中間階段發揮了適應功能，可以增加個體的繁衍能力。然而，對米瓦特來說，這些中間階段是不可能出現的。就拿飛行功能的起源來說好了，翅膀一開始出現時會有什麼功能？已故的古生物學家史蒂芬·傑·古爾德（Stephen Jay Gould）稱之為「2% 個翅膀問題」（2% of a wing problem）：鳥類祖先一開始的小小翅膀，顯然什麼用途也沒有。翅膀後來到某個時刻或許大到能夠幫助鳥類飛行，但是小小的翅膀對於任何動力飛行來說，都派不上用場。

　　米瓦特一個又一個地舉出例子，說明中間階段如何不可能成立。比目魚的兩個眼睛在身體的同側，長頸鹿有長脖子，有些鯨魚具有鯨鬚，許多昆蟲模擬樹皮的顏色，凡此種種。眼睛的位置稍微移動一點、脖子增長一些、顏色產生稍許的變化，這些到底有什麼用處？整頭鯨魚是如何只依靠些許的鯨鬚取得食物？演化中任何重大轉變的兩端之間，是由無數的死巷所組成的。

　　米瓦特是最早注意到演化中的重大變化並非僅涉及到某個器官的改變，而是全身的特徵都要跟著協同改變的科學家。如果沒有肺臟去呼吸空氣，演化出四肢就能在陸地上行走嗎？

鳥類的飛行是另一個例子，以個體自己的動力飛行（powered flight）需要多種新特徵，包括翅膀、羽毛、中空的骨骼，以及快速的新陳代謝過程。如果動物的骨骼如大象般笨重，或是代謝如蜥蜴般緩慢，演化出了翅膀也派不上用場。任何重大的轉變，都需要整個身體相應的變化，許多變化必須同時發生。那麼，這些重大的轉變如何可能是逐漸產生的？

米瓦特的概念發表之後，在一個半世紀以來一直受到許多批評演化者的採納。不過在當時，也幫助達爾文催生了另一個重要的概念。

達爾文視米瓦特為重要的批評者。他的《物種源始》在1859 年出版，米瓦特的批評著作在 1871 年出版。1872 年，達爾文在《物種源始》第六版也是最終版中，增加了一個新章節來回應批評。而米瓦特是主要的批評者。

按照維多利亞時代爭議論點的慣例，達爾文開頭寫道：「傑出的動物學家聖喬治・米瓦特先生，近日集結了眾多的反對意見，敝人與其他反對天擇理論者都拜讀了。該理論是當年華萊士先生與我所共同提出的，米瓦特敘述反對意見的心力誠然令人佩服，如此集結起來的反對意見讓人頗感棘手。」

接著，他用一句話和許多例子讓米瓦特的批評默然。「米瓦特先生的反對意見應當或已有一本書的份量，其中讓許多讀者感到困惑的新論點，顯然是『天擇無法解釋有功能的結構一開始是怎麼出現的』。而這個題目，與特徵的逐漸改變（通常伴隨著功能的改變）關聯極為密切。」

對科學研究來說，再怎麼強調「功能的改變」這五個字的重要性都不為過。這五字箴言促成了看待生命演化史中重大轉變的新見解。

這可能嗎？一如往常，魚類研究帶來了新見解。

呼吸新鮮空氣

1798 年，拿破崙侵入埃及時，除了軍艦、士兵和武器之外，還有帶了其他的配備。他自認為是科學家，想要以整治尼羅河的河水、提高當地的生活水準，並且瞭解埃及的文化與歷史，如此來改變埃及。他的軍隊中有法國最傑出的工程師與科學家，其中包括了艾蒂安・傑佛瑞・聖希萊爾（Étienne Geoffroy Saint- Hilaire，1772~1844）。

聖希萊爾當年二十六歲，是年輕的科學天才，主司巴黎自然史博物館的動物學部門，注定成為人類歷史上最偉大的解剖學家。他在二十多歲時，就因為描述哺乳動物和魚類的解剖學構造而聲名大噪。在跟隨拿破崙前往埃及時，他的工作令人振奮，負責解剖、分析與命名拿破崙團隊在埃及的乾河谷、綠洲與河流中找到的許多新物種。光是其中一種魚，後來就讓巴黎博物館的館長說拿破崙的這場埃及之旅值得了。當然，尚—法蘭索瓦・商博良（Jean-François Champollion）利用羅塞塔石碑（Rosetta Stone）破解了古埃及象形文字，可能不包含在這個

年輕的科學天才艾蒂安・傑佛瑞・聖希萊爾
（Étienne Geoffroy Saint- Hilaire）

說法當中。

　　從外觀上來說，那種魚不論鱗片、魚鰭和魚尾，就像是普通的魚。在聖希萊爾的時代，構造描述中必須要包含詳細的內部解剖結構，通常需要身邊一組畫家詳細畫出每個細節，製成美麗的石版畫，往往還會上色。在這條魚的顱骨上方後面、靠近肩部處，有兩個洞。這個特徵已經夠奇怪了，但是真正讓人驚訝的是食道的構造。通常描繪一條魚的食道是個不起眼的工作，因為就是一根從口腔連接到胃部的管子。但是這種魚不同，牠的食道兩邊各有一個氣囊。

　　當時科學界都知道，這種稱為浮鰾的氣囊，許多魚都有，甚至德國詩人兼哲學家歌德都提過這個構造。海洋魚類與淡水

魚類體內都有浮鰾，充滿空氣之後就會膨脹，產生的中性浮力
（neutral buoyancy）能讓魚在不同深度的水中游動，就像潛水
艇在下潛的時候會排出氣體一般，浮鰾中的氣體濃度會變化，
讓魚可以在不同的深度和水壓中游動。

　　進一步的解剖發現了真正令人驚訝的事情：這些氣囊是經
由小管道和食道連接在一起的，這些小小的管道、連接氣囊和
食道的小構造，對聖希萊爾的想法產生了很大的衝擊。

　　聖希萊爾在野外看到了這種魚，證實他之前從解剖當中推
論出來的想法：這些魚會吸空氣，從頭頂上的兩個孔吸空氣。
牠們甚至還會一大群以相同的節奏一起吸空氣。這類會吸氣的
魚被稱作多鰭魚（bichir），在吸氣時會發出其他聲音，例如
撞擊聲或是嗚咽聲，可能是用於求偶。

　　這些魚還有其他意料之外的行為：牠們會「呼吸」空氣，
那些氣囊上佈滿血管，顯示出牠們會利用這個器官讓氧氣進入
血流中。還有更重要的是，牠們通過頭頂上的孔洞吸入空氣、
填飽氣囊，而身體依然待在水中。

　　出現了一種用鰓和另一種器官來呼吸氣體的魚，不用多
說，馬上就轟動一時。

　　在埃及發現這種魚的數十年後，奧國為了慶祝王子大婚，
派了一個研究團隊到南美洲亞馬遜流域探險。該團隊採集了許
多昆蟲、蛙類和植物，其中的新物種則以皇家人物來命名。在
眾多發現之中，團隊發現了一種新魚，與其他的魚一樣有鰓和
鰭，但是體內卻有非比尋常的血管構造——不是簡單的氣囊而

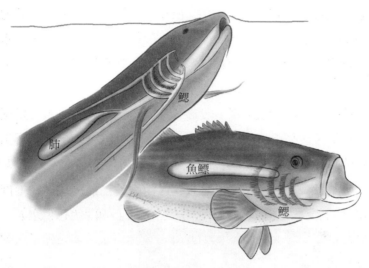

肺魚有肺和鰓，牠們與人類一樣能利用肺部呼吸空氣，在水中的氧氣含量不足所需時會這麼做。其他種類的魚利用魚鰾增加浮力。

已，而是有分成好幾葉的構造、血液運輸系統，以及和人類真正的肺臟類似的組織。這種生物連接了兩種重要的生命類型：魚類與兩生類。為了將研究團隊當時混亂的狀況記錄下來，他們把這種新動物命名為美洲肺魚（*Lepidosiren paradoxa*），拉丁文學名的意思是「反常的有鱗蜥蜴」。

　　不論你把這種動物叫作魚也好，稱為兩生類也好，或是介於兩者之間也行，牠們都具有魚鰭和鰓，生活在水中，但卻可以利用肺臟呼吸空氣。而且這樣的也不只有牠們一種動物而已。1860 年，有人在澳洲昆士蘭發現另一種有肺臟的魚，牠們的牙齒排列方式非常獨特，就像大的餅乾刀模；早已滅絕的角齒魚（*Ceratodus*）化石中也有發現這樣的牙齒排列方式，而那些化石埋藏在有兩億年歷史的岩層中。其中的意義顯而易見：有肺、呼吸空氣的魚曾經在全世界分布，並且在兩億年前就出現了。

　　這個發現偏離了常規，改變了我們看待世界的方式。魚的肺與鰾，讓新一代的科學家興趣滿滿地從化石和現有生物來探究生物演化的歷史。化石表現出遙遠過去生物的模樣，現存生物則揭露了身體結構的運作方式，以及從卵到成體時器官發育

巴許福特·迪恩（Bashford Dean，1867-1928年）身兼大都會藝術博物館館長與美國自然史博物館館長，熱愛盔甲和魚類。

的方式。之後會提到，這是一種強大的研究方法。

　　追隨達爾文的博物學家，把研究化石與研究胚胎連接在一起，打造出一個成果豐碩的領域。巴許福特・迪恩（Bashford Dean，1867~1928）在學術圈享有非凡的聲譽，他是唯一一個身兼大都會藝術博物館館長與美國自然史博物館館長的人，兩座博物館中間隔著中央公園。他一生熱愛兩種事物：魚類和盔甲。他為大都會藝術博物館建立了盔甲收藏與展覽，在自然史博物館建立了魚類收藏與展覽。有這些興趣的人當然個性古怪，他設計了給自己穿的盔甲，並且穿著走在曼哈頓的街上。

　　如果迪恩沒有穿著中世紀甲裙，那就是在研究古代魚類。他認為從卵到成體的發育過程中，隱藏著魚類從古代演變至今的神祕歷史與機制。他比較了魚類胚胎和化石，查看了當時解剖研究室的成果，認為肺臟和魚鰾在發育過程中看起來基本上是相同的。兩種器官都從腸管（gut tube）長出來，而且都會形成氣囊。主要的差異在於，魚鰾是從腸管上側、靠近脊椎處長出來的，肺臟則是從靠近腹側的位置長出來。基於這些發現，迪恩認為魚鰾和肺臟是同一種器官的不同版本，經由相同的發育過程形成。事實上，除了鯊魚之外，所有魚類都具備了某種類型的氣囊。一如許多科學概念，迪恩的比較結果也有很長的一段歷史，可在 19 世紀德國解剖學家的研究中看到一些影子。

　　但是，氣囊與米瓦特的批評和達爾文的反應有什麼關係？

　　能夠呼吸空氣的魚類，種類非常多。彈塗魚體長約十五公分，能在泥地上行走並生活超過二十四小時。攀鱸（climbing perch）這種魚如其名，在必要時能夠扭著身體從一個池塘移動到另一個池塘，一路上甚至可以攀上樹枝，在樹枝間移動。但是攀鱸只是單一物種，當棲息的水中氧氣濃度下降時，還有其他數百種魚能夠呼吸空氣。這些魚是如何辦到的？

那些魚類，有些像彈塗魚一樣，是經由皮膚吸收氧氣的。其他魚類在鰓的上方有一種特殊的交換氣體器官。有些鯰魚和其他魚類是經由腸胃道吸收氧氣，牠們就像吃東西那樣吞下空氣，只不過是吞進去呼吸。有些魚有一對肺臟，就像人類一樣。肺魚大部分的時間生活在水中，經由鰓呼吸，但是當所處的溪流中氧氣濃度不足以支持身體的新陳代謝時，牠們便會浮起來，把空氣吸入肺中。在怪魚身上，呼吸空氣並非什麼奇特的事件，而是正常的表現。

最近美國康乃爾大學的研究員利用新的遺傳科技，重新比較了魚鰾和肺臟。他們的問題是：在發育的過程中，哪些基因幫助了魚鰾的形成？他們研究了在魚胚胎中活躍的基因，發現到某些會讓迪恩和達爾文高興的東西——這些會幫助魚鰾在魚體內形成的基因，同樣在魚和人類體內幫助肺的形成。幾乎所有魚類都有氣囊，有些魚把氣囊當成肺來使用，另一些則把氣囊當成浮力工具。

這就是為什麼達爾文對米瓦特的回應如此有先見之明的原因。從 DNA 的研究結果指出，肺魚、聖希萊爾的多鰭魚，以及其他具有肺臟的魚，是現存和陸生脊椎動物親緣關係最接近的物種。肺臟並不是動物演化出步行能力時突然出現的新特徵。早在脊椎動物於堅實大地上走動之前，魚就使用肺臟呼吸了。魚的後代能夠侵入陸地並不是因為擁有了新器官，而是讓某個原有器官的功能改變了。除此之外，肺也好，鰾也罷，所有魚類都有某種氣囊。氣囊在水中生活的用法，到了陸地之後產生變化，讓動物能夠呼吸空氣。這種變化並沒有涉及到新器官的發明，而是產生了轉變，就如同達爾文涵蓋範圍更廣的說法：「伴隨功能的改變」。

翅膀的起源

米瓦特對於達爾文的抱怨，不是針對魚類或是兩生類，而是針對鳥類。在當時，飛行能力的起源是個巨大的謎團。在1859 年首版的《物種源始》中，達爾文提出了非常仔細的預測。如果他所提出「地球上的生物都有共同祖先」的這個理論是正確的，那麼應該存在中間過渡階段生物的化石，能代表兩種生命形式中間變化的狀態。在當時還沒有發現這樣的中間生物，更別說把居住在地面的動物和能飛行的鳥類連接在一起的動物。

不過達爾文沒有等太久。1861 年，德國一座採石場的工人發現了一份不得了的化石。這個採石場挖出來的石灰石質地細緻，適合用來作為當時印刷作業會用到的石版畫印模。石灰

石是在平靜的湖中形成的，也就是說，在石灰石形成時不論有
什麼東西埋進裡面，都會保存的相當好。對於保存化石來說，
這種岩石幾近完美。

那塊石板上有奇特的印痕，是某種長羽狀的東西，看起來
就像是完整的羽毛。但是為什麼這些岩石上有羽毛，依然是個
謎。

那塊有奇特印痕的石灰石是在侏儸紀時期形成的。在找到
這片石板的數十年前，德國貴族博物學家亞歷山大・范洪堡
（Alexander von Humboldt，1769~1859）注意到，位於法國和
瑞士邊界的侏羅山脈（Jura Mountain）所產的石灰石很特殊，
會形成綿延好幾公里長的岩層。范洪堡把這種特殊的石灰石命
名為侏儸石灰石，認為這是在地球歷史中某個特殊時期形成
的。之後其他科學家發現，在侏儸紀石灰層中往往含有豐富的
化石，例如螺旋狀又有外殼的鸚鵡螺。後來，全世界各地都發
現了類似的化石，研究人員能在全球各地找到侏儸石灰石，不
只限於法國與瑞士。

接著，在 19 世紀初期，研究人員在英國的侏儸石灰岩中
發現到巨大的牙齒與下顎，類似的發現很快就在各地被發現。
沒多久眾人就瞭解到，侏儸紀時代不是只有螺旋帶殼的生物，
還有恐龍的存在。羽毛印痕代表的意義就更多了，在侏儸紀的
陸地上，鳥類在恐龍的頭頂上飛行嗎？

單獨的羽毛化石引人遐想。它原本是長在一隻侏儸紀時代
的鳥類身上嗎？或是某種未知的動物也具備了羽毛？這種假設

無法排除。

1861 年，就在發現羽毛後幾年，有位農人拿了一個化石作為他的醫療費用；這化石來自那個出土羽毛化石的石灰岩層。醫生把收到的化石拿給一個熱愛化石的專業解剖學家看。他第一眼看到這個石板，就知道是個非凡之物。其中的化石的身體和尾巴上佈滿了羽毛印痕，身體有完整的骨架，具有翅膀，而且骨骼是中空的。醫生知道這份化石的價值，便讓各博物館出價收購，最後由大英博物館以七百五十英鎊購得。

在接下來的十五年中，更多化石出土了。1870 年代中期，一位農民賈可布・尼麥耶（Jakob Niemeyer）用一個化石和礦場主人換得了一頭牛。主人認識倫敦一位連續靠購買化石標本賺大錢的醫生，便在 1881 年把那個化石賣給了那位醫生，最後由柏林自然史博物館以一千英鎊購下。時至今日，一共有七份標本出土。

這種身上有羽毛覆蓋的生物，叫做始祖鳥（*Archaeopteryx*），牠具備了有趣的特徵。牠像是鳥，具有長滿羽毛的翅膀以及中空的骨骼。但是和其他已知鳥類不同，牠有類似肉食動物的牙齒、扁平的胸骨，並且在翅膀尖端有三根銳利的爪子。

對於達爾文的理論來說，這項發現來得再及時也不過了。赫胥黎仔細檢查了始祖鳥的牙齒、四肢和爪子，認為始祖鳥和爬行動物非常相似。他比較了始祖鳥和另一種從侏儸石灰層中找到的其他生物——小型恐龍細顎龍（*Compsognathus*）。這兩種動物大小相同、骨架類似，差別之處則在於有無羽毛。赫胥黎宣稱始祖鳥證實了達爾文的理論，是位於爬行動物和鳥類之間的中間生物。達爾文甚至在第四版的《物種源始》中提到了始祖鳥：「在近來的發現中，莫若此物更凸顯出吾人對於之前出現的生物所知極少。」

　　赫胥黎做出的這類比較引發了廣泛的爭議。如果始祖鳥是鳥類和爬行動物有親源關係的證據，那麼鳥類的祖先是哪種爬行動物呢？顯然有好幾種是候選者，每種都有人站出來為其發聲。有些人認為，始祖鳥的長尾巴加上骨骼的形式，祖先應該是類似蜥蜴的小型肉食動物；有些人則支持侏儸紀時代會飛的爬行動物翼龍（pterosaurs）。不過，後面這個說法的困難點就在於，翼龍雖然有翅膀且能飛行，但形成翅膀的骨骼形式與鳥類的相去甚遠。翼龍翅膀的主要骨架是第四指，鳥類翅膀的主要構造則是羽毛與指合併起來構成的骨架。還有其他人認同赫胥黎將始祖鳥和小型恐龍做比對。

　　「鳥類祖先是某種恐龍」的概念，多年來遭到許多知名人士的反對，而每個都基於不同的論點。有位研究人員指出，鳥類具有鎖骨（clavicle），但是恐龍和其他的爬行動物不同，並沒有鎖骨。還有其他研究人員認為，鳥類和恐龍的生活形式和新陳代謝模式完全不同，因此恐龍不可能會是鳥類的祖先；除了少數種類，恐龍一般來說是行動緩慢的大型動物，鳥類則體型小、活動力強，兩者並不相似。對許多人而言，始祖鳥就只是一種鳥，沒有道出多少轉變的過程。這種爭議之所以會持續下去，主要是因為米瓦特的核心批評依然存在：羽毛和其他鳥

法蘭茲‧諾普查（Franz Nopcsa）
身穿阿爾巴尼亞的軍服。他和迪
恩一樣，研究演化史中過往的新
特徵，也喜歡盔甲與軍裝。

類的特徵，包括始祖鳥的特徵，是怎麼出現的？

　　人們有很長一段時間認為，恐龍是巨大而行動遲緩的動
物。對於這個觀點的破除，同樣來自一位喜歡穿著軍裝的跨行
科學家（就像迪恩一樣）所做的研究。

　　法蘭茲‧諾普查（Franz Nopcsa von Fels - Szilvás，1877-
1933年），也被稱作是瑟切爾的諾普查男爵（Baron Nopcsa
of S cel），是個聰明又熱情的人，十八歲那年在外西凡尼亞
（Transylvania）的家族領地中發現了一些骨頭。經過自學解剖
學之後，他在1897年發表了一篇正式的科學論文，描述這些
骨頭，認為是一種恐龍。諾普查接下來寫了一本厚達七百頁的

鉅著，描述阿爾巴尼亞（Albania）的地理特性，同時還以多種語言發表了幾十篇論文。他曾擔任奧地利的間諜，並且為了奪回阿爾巴尼亞的自由，參與了阿爾巴尼亞的反抗土耳其組織。男爵的夢想是恢復阿爾巴尼亞的榮耀，但可惜後來他累積了大筆債務，在開槍射殺了戀人之後，把槍口對準自己。

　　自諾普查於 1895 年在家鄉發現那些骨頭後，他收集了大量化石，並且研究外西凡尼亞的恐龍，包括恐龍的骨骼，以及在東歐地區遺留的恐龍足跡。從這些岩石上的足跡，他看到了活生生、會呼吸的動物在泥地上行走。這些泥地上的痕跡顯示，留下足跡的動物奔跑迅速。那些動物用力踏足在地上，各個足跡間的距離指出了牠們奔跑的步態。其中代表的意義很明顯：恐龍並非如大象一般行動遲緩，而是能快速奔跑、活動靈敏的掠食者。諾普查甚至把這個概念擴充得更廣：能夠奔跑的恐龍，要能迅速移動且體態輕盈，因此很可能就是鳥類的祖先。就他來看，增加移動速度的需求讓牠們躍入空中，有羽毛的翅膀能幫助鳥類的祖先揮動前肢時提高速度、捕捉獵物。

　　諾普查在 1923 年發表這概念時，也陷入了幾乎所有科學家都經歷過的噩夢：無人理會。當時占據主流地位很久的理論，是由著名的耶魯大學古生物學家馬許（O. C. Marsh）所強力宣導的。馬許認為恐龍體型大、行動遲緩，因此鳥類的祖先應該是能滑翔的動物，牠們棲息在樹上，滑翔於樹梢之間，動力飛行就起源於這類動物。隨著時間過去，飛行能力就自這種滑翔動物演化而來。這個理論讓人打從心裡覺得有吸引力，因為現今就有許多能滑翔的動物，包括蛙類、蛇類、松鼠到狐猴。從滑翔動物變成飛行動物，所需要的複雜新特徵比較少，邏輯上來看，滑翔應該是動力飛行演化的第一步。

1960 年代，當時耶魯大學的年輕科學家約翰・歐斯壯（John Ostrom）想要研究鴨喙恐龍的生活方式。幾乎所有大型博物館的恐龍廳中都展示了這種恐龍，牠們頭顱上往往具有冠狀結構，朝著與喙相反的方向延伸。多年來，博物館的展示說明都把這類恐龍當成移動緩慢的草食動物，使用四隻腳走路，類似爬行動物中的大象。但是，當歐斯壯深入研究這種恐龍的骨骼，就越發覺得那個說法沒有道理。首先，牠的前肢相當短，對於四足步行的動物來說，前肢瘦小、後肢強健是相當詭異的。其次，頭冠和後肢的突起，顯示有強壯的肌肉用於運動。這些觀察結果總加起來，代表這種鴨喙恐龍應該是兩足步行的。歐斯壯甚至進一步推測：鴨喙恐龍不是如同大象那樣行動遲緩的動物，而是移動速度快的雙足步行動物，他稱牠們為「雙足水牛」。

19 世紀米瓦特與達爾文間的爭論，在歐斯壯於 1960 年代研究美國懷俄明州的惡地時有了新的意義。歐斯壯和絕大部分古生物學家一樣，過著兩種日子：在學校裡是衣冠整潔的教師，在夏季到野外時則在塵土與顛沛中度過。1984 年 8 月，在蒙大拿州的小城布里德（Bridger）結束了一次平凡的野外發掘工作後，他去到附近探勘來年要發掘的地點。他和助理漫步在峭壁邊，一個從岩石突出的東西讓他們停下腳步。那是一個前肢，大約十多公分長。歐斯壯回憶當時的狀況說：「我們兩個幾乎是從斜坡連滾帶爬地下去，衝到那裡。」衝下去的原因在於那前肢上延伸出來的東西：巨大又尖銳的爪子。他們之前從未見過這樣的東西。

由於那是最後一天的探勘活動，兩人隨興漫步，身上都沒帶著採集工具。看到這段文字的考古學學生應該要忘記他們接下來做的事——他們在興奮之餘，打破了古生物學田野工作的重要守則，直接用手和小刀挖掘那化石的其他部位。隔天，他們帶了適當的工具回到那裡，找到一條腿和一些牙齒。那是掠食動物的牙齒，有尖銳的前端和鋸齒狀的邊緣。接下來兩年的採掘工作，找到了更多骨骸。

歐斯壯發掘出來的恐龍大小如大型犬，但骨骼卻是中空的，重量較輕。這種動物的尾巴具有肌肉，力量極強大的後肢上帶有爪子。這些爪子位於關節上，代表可以用來剝去獵物的外皮。歐斯壯把這種動物命名為恐爪龍（*Deinonychus*）。在他後來的科學專文中使用的是標準的枯燥格式，不過裡面卻藏了對恐爪龍的描述：「捕食能力強，極度機敏，活動力高。」

恐爪龍只是個開始。歐斯壯和跟隨他腳步的人改變我們對於恐龍的想法，在此同時，也顯示出達爾文回應米瓦特所具備的力量。研究人員詳細檢視這些爬行動物骨骼上的每個突起、孔洞與特徵，並比較了化石與現存鳥類骨骼。他們很快就得出結論，恐龍（特別是兩足步行的種類）和鳥類之間有很多共同的特徵。這些獸腳類恐龍（theropod dinosaur）有好幾組鳥類

恐爪龍：有恐怖爪子的恐龍。

特徵，包括中空的骨骼以及快速的生長速率。牠們應該是代謝速度快又活躍的動物。

　　雖然那些恐龍與鳥類之間有許多相似之處，但卻沒有最重要的特徵：羽毛。羽毛是身為鳥類的必要條件，與鳥類的成功與飛行的起源有關。

　　1997 年，古脊椎動物學學會在美國紐約自然史博物館召開會議。大部分與會者都知道有些事情正在暗中進行。這種國際性會議通常一成不變，在演講與海報展示之間穿插著雞尾酒會和社交活動。在那種場合下，學會成員往往依照各自研究的生物種類，分成一個個小圈圈。研究哺乳類動物的學者會去聽哺乳類動物的演講，鳥類古生物學家會去聽鳥類的專題演說。

我們彼此交流，然後在科學議程中各自分開。

　　但是 1997 年的會議完全不同。在每個演講廳和小圈圈中都有耳語流傳：「你看過了嗎？」「真的嗎？」

　　來自中國的同仁展示了一種新動物的照片，那是在北京西北方遼寧省的農民所發現的。這種動物有中空的骨頭、帶爪的前肢和腳，以及一條長長的尾巴。類似恐爪龍的恐龍都有這種特徵。但是這個化石保存的狀況極佳，包覆在質地細緻的岩層中，保留了所有印痕和石化的軟組織片段。那些耳語傳的就是這件事——包圍整隻恐龍的，毫無疑問就是羽毛。那不是發育完整的羽毛，而是簡單的絨毛。這隻恐龍具有原始的羽被。

　　歐斯壯當時是聽眾，而我還只是年輕的科學家。依然記得在演講之間的休息時間，和這位非常資深的科學家說話。他哭了，一具化石證實了他三十年以來的研究工作。當時他說：「我第一次看到這些照片時，腿都軟了。覆蓋在那隻恐龍身體上的東西，我們從來沒有在世界上任何地方看到過。」他後來說：「我從沒有想到能夠活著見到這樣的化石。」

　　1997 年，我們在紐約看到的那隻帶羽毛的恐龍，是這些中國發掘地點發現的首波新化石。在接下來幾十年當中，大約有十二種帶羽毛的化石從中國出土，顯示出肉食性恐龍有各種羽毛。其中最原始的，身上羽毛只是簡單的管狀構造；親緣關係最接近始祖鳥和鳥類的，則具有真正的羽毛——具備了中軸和兩側細緻的分支。羽毛不是專屬於鳥類的特徵，所有類型的肉食恐龍幾乎都有帶羽毛的種類。

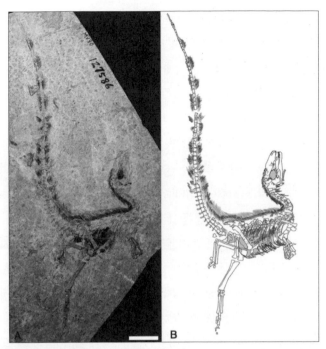

帶羽毛的恐龍證明了歐斯壯和其他人認為恐龍是鳥類親緣關
係最近物種的說法。

鳥類還有其他特徵：牠們全部都有叉骨、翅膀，以及用於
飛行的特化腕骨。鳥類翅膀典型的骨骼排列，包括一根骨頭、
兩根骨頭、腕骨和指骨。鳥類的指骨只有三根，而不是如人類
有五根；中央那根特別長，用來讓羽毛連接其上。鳥類的腕骨
比較少，其中一個像是大的新月，因此稱為半月骨（semilunate
bone）。

越是深入研究，就發現到越多鳥類用於飛行的新特徵，像

是羽毛，就非鳥類所獨有。肉食恐龍隨著時間過去，長得越來越像鳥類。原始的似鳥恐龍四肢上面有五根指。經過了數千萬年，有些種類的指頭變少了，最後變成像是鳥類的前肢那樣，只有三根指，同時中間那根也變長了，像是鳥類那樣能讓羽毛附著。這些恐龍也像鳥類一樣少了腕骨，卻發展出半月骨，就如同用這些構造來飛行的鳥類一樣。牠們甚至有了叉股。那些恐龍都無法飛行，但全都有一些羽毛。原始的是構造簡單的羽毛覆蓋身上，複雜的則是如同始祖鳥和後來恐龍那樣的羽毛。那些羽毛對於恐龍的用處是什麼？有些古生物學家認為，羽毛只是一種用來找尋伴侶的裝飾；另一些古生物學家則認為，原始的毛茸茸羽毛是用來隔熱，能讓身體的溫度增加。羽毛可能同時有兩種功用，然而不論羽毛在那些恐龍身上的功用是什麼，羽毛的起源幾乎與飛行無關。

　　如同脊椎動物從水中到陸地上生活時肺臟和四肢功能的改變，用於飛行的新特徵在飛行能力出現之前就已經出現了。中空的骨骼、快速的生長速度、高新陳代謝率、翅膀般的前肢，以及腕骨與關節，當然還有羽毛，這種種特徵最先出現在陸地上生活、能快速奔跑去捕捉獵物的恐龍身上。重大的改變不是發展出新器官這回事，而是讓舊特徵改變，而擁有新的用途與功能。

　　以前大家都認為羽毛是為了幫助鳥類飛行、肺臟是為了讓動物在陸地生活而出現的。這些看法合乎邏輯又顯而易見，但卻是錯誤的。更有甚者，我們一個多世紀前就知道這回事了。

　　這不是隱藏得很深的秘密，**生物的新特徵都不是在相關的重大轉變進行時才出現的**。羽毛不是在進行飛行的演化時才出現，肺臟和四肢不是在登上陸地時才出現。除此之外，這些以及其他生物演化史中的重大變革，如果真的是那樣的話，就不可能出現了。生物演化史中的重大變化，不需等到許多新特徵同時出現。大變革來自於把改動舊特徵之後，讓它擁有新用途。沒有哪件事情是在你所想的那個時間才開始的。

　　這是演化帶來變革的故事。生物演化史中的改變是一條蜿蜒的道路，時時得繞道、處處有死巷，創新出現的時機不當就只能遭受失敗。達爾文的那五字箴言，說明了許多創新都是由之前存在的特徵出現功能變化之後而來的。這讓我們瞭解到器官、蛋白質甚至 DNA 的起源。

　　不過魚類、恐龍和人類的身體，並不是在受精時就完整出現的。身體在代代相傳的過程中會進行重新打造，製作方法是由親代傳到子代。發明之母就在這些方法之中，可能在某個時空脈絡下出現，而在另一個時空背景下改變了目的。這點，一如達爾文所預見。

2
來自胚胎的概念
Embryonic Ideas

現代分類學之父林奈（Carl Linnaes，1707~1778）一生當中詳細研究過數百種植物和動物。他的科學分類方法幾乎沒有可議之處，只有一點除外：林奈調查過的數千種動物中，有一類特別受到他的嘲弄與奚落。孩子們都知道蠑螈有溫柔的大眼睛，還有一顆大頭、四肢和長長的尾巴。但是基於某種未知的原因，林奈認為蠑螈是「汙濁可厭的動物」，並且宣稱幸好「造物主沒花心力創造出許多種類」。

林奈認為蠑螈是創造物當中最低下的一種，但其他人卻認為蠑螈是充滿自然力量的神奇動物。從老普林尼（Pliny the Elder）到聖奧古斯丁（Saint Augustine），都認為蠑螈是從岩漿、熔岩或火焰中誕生的生物。對奧古斯丁來說，蠑螈是地獄之火存在的確切證據。奧古斯丁的想法來自於有人宣稱蠑螈不怕火，或是能夠從篝火中跳出來。這些超自然力量可能反應出蠑螈的生物特性；水生動物專家或是愛好者都知道，有些種類的蠑螈喜歡躲在枯木朝下腐爛的那一面。在奧古斯丁的時代，那些收集枯木當作柴燒的人，可能沒注意到這些潮濕的棲息地。當藏著蠑螈的木頭被點燃時，扭著身體跑出來的蠑螈自然讓人嚇到，引人猜想牠們很邪門。

世界上蠑螈的種類很少，據估計大約是五百種，不過牠們和人類的關聯不只是讓人打從心底討厭、證明地獄存在，或是火中也可能有生命出現；牠們還催化了新的研究，讓我們瞭解到生物演化史中的重大轉變。

在 19 世紀，動物學的採集探險足跡遍及全世界各大陸、高山與叢林。博物學家描述了數千種新發現的礦物、生物和工藝品。探險船上往往會有一位博物學家，專門負責收集與研究各種物種與岩石，並描述探險船上所見聞的地理景觀。這些人所做的分析研究，會隨著標本抵達倫敦、巴黎與柏林的港口或是車站，接著就能得享大名。

如果有所謂得天獨厚的動物學家，那應該就是奧古斯特‧迪梅里（Auguste Duméril，1812~1870）了，他是巴黎自然史博物館的教授，他的父親安德烈（André）之前也長期擔任這個職位。奧古斯特熱愛爬行動物和昆蟲，父子倆會一起研究，並合力在博物館中打造出一座動物園，這樣除了收藏之外，也能觀察到活生生的動物。安德烈利用兒子做出的動物解剖描述，發表了一份深具影響力的動物分類學架構。安德烈在 1860 年去世，奧古斯特像是要撫平傷痛般，開始進行新物種的描述。

1864 年 1 月，迪梅里收到了六隻蠑螈，那是某個採集團隊在新墨西哥市附近的湖畔找到之後寄給他的。這些蠑螈是大型成體，與當時已知的蠑螈都不相同，牠們的頭蓋骨基部有一組羽毛狀的鰓，像是兩束羽毛。這種動物的背部有龍骨，並且延伸到鰭狀的尾部。這些特徵的意義明顯：具有鰓又有水生動物的特徵，代表這些成年蠑螈生活在水中。

採集的探險者對這種蠑螈一無所知，但這些蠑螈長久以來卻是當地阿茲特克文化的一部分。科學界可能認為那是新物種，但在墨西哥，這種蠑螈是受到歡迎的美味食材，會在宴會或是特殊祭典時被烤來吃。

達爾文新提出的演化理論影響了迪梅里，他認為這些水生兩生類，或許可以成為瞭解魚演化到陸地上行走的重要線索。他把蠑螈放進自己與父親所建的動物園中，幸好蠑螈中有公也有母，過了一年，迪梅里讓牠們交配並產下了受精卵。1865年，這些卵孵化成完全健康的小蠑螈。在良好的環境中，蠑螈很容易照顧，長時間飼養下來也不需要很多食物。在他的管理下一切順利，所以迪梅里就讓牠們自己過日子。

那一年稍晚，他去看了看籠子，當時他第一個冒出的念頭是有人來搗亂，因為現在裡面有兩種蠑螈。第一種是親代的大型成年水生蠑螈，有鰓。但牠們旁邊還有另一種蠑螈，那一種體型也很大，但看起來完全是陸生蠑螈，既沒有鰓也沒有可在水中划動用的尾巴，完全看不出能在水中居住。迪梅里仔細研究後者的結構，並與已發表在科學文獻中的物種做比較後，迪梅里知道這種新動物多年前就有科學家描述過，屬名是鈍口蠑

迪梅里飼養的兩種蠑螈。

（*Ambystoma*）。這種已知的蠑螈是完全陸生的。

　　這兩種動物差距很大，根據林奈的分類方式，應該是屬於不同屬，更別說是同一種了。就好像是迪梅里把黑猩猩放在籠子中，一年後回來發現裡頭有一頭大猩猩和一頭黑猩猩在籠子中一起快樂生活。新的生命形式會平白無故出現嗎？迪梅里在巴黎的籠子發生了什麼重大變化？此時蠑螈使出了什麼魔法嗎？

發育中的故事

　　自古以來，人們就直覺認為胚胎隱藏著從卵變化到成體之間的線索，這讓各個物種有所差異。就在迪梅里因為蠑螈而困惑不已的同時，不論是來自於魚類、蛙類或是雞的胚胎，都被視為瞭解地球上動物多樣性的窗戶。

自從亞里斯多德窺探雞蛋內部以來，雞蛋就成了充滿驚奇的研究對象。從卵殼中孵出的雞，就像開啟了一扇窗，你可以在蛋殼上鑿個洞，從洞的另一面打光，然後把雞蛋放在顯微鏡下觀察胚胎的構造。胚胎剛開始像是一團白色的細胞，位於蛋黃頂部。隨著時間過去，胚胎可供辨識的特徵逐漸浮現，包括頭部、尾部、背部和四肢，整個過程就像是一齣精心編排的舞蹈。最一開始，受精卵會分裂，從一變為二、二變為四、四變為八，如此持續下去，胚胎逐漸變成一球細胞。幾天之後，胚胎從一個中空的球轉變成簡單的圓盤狀，周圍的結構會保護胚胎，提供胚胎成長所需的養分，並打造出適合胚胎發育的環境。那個圓盤中的細胞會變化為一個個體。毫不意外，有許多關於胚胎的推測以及科學研究。

查爾斯・邦納（Charles Bonnet，1720~1793）認為，胚胎基本上是微小但已完全成型的迷你生物。胚胎在子宮中的時間，是用來讓已有的器官長大的。這種「雛形體」（homunculi）的概念來自於他的演化觀：女性體內具備了所有後代，他們的雛形體能夠熬過災禍，隨著時光更迭，在雌性代代相傳之下，新的生命形式會憑空而出。到了未來某個時刻，抵達最後階段，人類子宮中的雛形體就會變成天使。

到了下個世紀，幾種胚胎被帶入實驗室，以當時新的光學

儀器加以詳細檢查。科學家在看到真實的胚胎後，邦納的概念
也就終結了，但解釋大象、鳥類和魚類的身體構造為何不同的
工作，還尚待完成。

　　1816 年，兩位醫學院的學生成為最早發現胚胎內部生物
多樣性的人，他們是卡爾・恩斯特・范貝爾（Karl Ernst von
Baer，1792-1876）與克里斯蒂安・潘德爾（Christian Pander，
1794-1865），兩人都來自波羅的海沿岸德語地區的貴族家庭，
在德國烏茲堡（Würzburg）的醫學院就讀。他們從亞里斯多德
的說法得到靈感，開始研究雞蛋。潘德爾孵了數千個雞蛋，在
不同的發育階段把雞蛋打開，用放大鏡觀察其中器官的形成方
式。在這早期的研究時代，他擁有一個自己朋友所欠缺的優
勢：來自富有的家庭，能夠建造放置數千個雞蛋的架子，並雇
用一位助理畫下胚胎的模樣，然後出資製成高品質的版畫以供
印刷。范貝爾沒有潘德爾那麼有錢，就只能被撇到一旁。

　　技術的進展讓潘德爾如虎添翼。他有辦法取得當時性能最
佳的放大鏡，觀察胚胎組織與細胞。有大量不同發育階段的胚
胎，並且使用新式放大鏡觀察這些胚胎，潘德爾看到了前人從
未見到的東西。胚胎在早期階段，沒有能讓人認得出來的器
官，也完全沒有班納所說的那種雛形體。胚胎在早期階段，完
全不像成體，只是一個位於蛋黃頂端的碟狀細胞團。

　　潘德爾對於胚胎的外型沒興趣，他想要看內部發生的變
化。他集中研究胚胎裡面，注意到胚胎一開始是一個簡單碟
狀，只有幾粒沙子大小。在發育的過程中，胚胎逐漸長大，圓

盤也變化成三層組織，層層相疊。這個階段的胚胎像是三層的
圓盤狀蛋糕。

　　潘德爾有數千個雞蛋可以觀察，因此在胚胎發育過程中，
他追蹤了每一層組織所發生的變化，如何從只有三層的簡單碟
狀物，發展成具備頭部、翅膀和腿部的個體。他觀察到器官是
逐漸產生的。

　　他用放大鏡觀察，並且盡可能把每個發育階段都詳細地畫
下來，發現這個複雜過程背後有個簡單的共通概念：整個身體
的結構分屬於三層組織，最內層後來會成為消化道以及與消化
相關的腺體；中間那一層會轉變成骨骼與肌肉；最外層則會變
成皮膚和神經系統。對潘德爾以及在一旁觀看這些發現的朋友

卡爾・恩斯特・范貝爾（Karl Ernst
von Baer）

范貝爾來說，這三層組織代表了雞隻身體形成的基本構造。

范貝爾感覺這三層組織中還有其他玄機，但是當時他沒有錢自己從事研究，直到十年後，他成為克尼斯堡大學（University of Königsberg）的教授，有了收入，才有辦法探索不同物種的胚胎中眾多的未知奧祕。他這份熱情常常讓他採取邪道，例如他為了研究哺乳類動物產生卵子的器官，把指導老師的寵物狗宰殺了。我們永遠都會記得是范貝爾發現了哺乳動物的卵來自卵巢中的濾泡，但是鮮為人知的是，他的指導老師對於他的實驗方法做何感受。

范貝爾提出的問題是：是什麼機制讓某一種動物長得和其他種動物不同？他收集了所能找到的各種動物胚胎，包括魚類、蜥蜴與龜類。他從卵中或是直接從子宮中取出這些胚胎，泡在酒精罐中保存，然後進行曾與朋友潘德爾一起做過的事：找尋各種動物發育過程中的共通現象，以及那些讓不同種類動物有獨特之處的過程。

他用放大鏡觀察各種不同動物的胚胎，得出動物多樣性的基礎結論。每個物種的個體開始發育時都有三層組織：內層、外層和中間層。他追蹤每一層的變化，發現不同物種中各層組織的命運完全相同。最內層位於碟狀胚胎的底部，會變成消化道和與消化相關的腺體；中間那層會變成腎臟、生殖器官、肌肉與骨骼；最外層則會變成皮膚和神經系統中的器官。潘德爾最初的發現不只適用於雞，還能更廣泛地適用到其他動物上。

這個單純的觀察結果，顯示出已知動物身上的每種器官，彼此都有關聯。不論是棲息在深海底部的鮟鱇魚，或是在空中飛翔的信天翁，心臟都是從中間那層組織變化而來的。腦部和脊髓都來自最外層的組織，小腸、胃臟和消化器官則來自於最內層的組織。這是非常根本的規則，你從地球上隨便取來某種動物的器官，都可以知道是從哪一層細胞變化而來的。

　　之後范貝爾犯下一個錯誤。他忘記在裝著不同動物胚胎的罐子上貼標籤。由於不知道罐子裡的動物種類，他得很仔細觀察才能加以分辨。對於那些沒有標示種類的胚胎，范貝爾說：「可能是蜥蜴、小型鳥類，或是非常幼小的哺乳動物。這些動物胚胎的頭部和軀幹都很類似，肢體末梢則尚未出現。它們處於發育的第一階段，還沒有能讓人知道動物種類的特徵，因為不論是蜥蜴和哺乳動物的腳、鳥類的翅膀和腳或是人類的手和腳，都是從同樣的基本形狀發育出來的。」

　　透過標示的失誤，范貝爾發現到動物隨發育過程出現的成長條理。成熟個體的身體往往遮掩了不同動物發育初期所具備的驚人相似性。成熟個體，就算是剛出生的嬰兒，看起來外貌也可以差別很大，但是在早期發育階段卻是非常相似的。

　　這些胚胎的相似性遍布到構造的細節。成熟魚類的頭部看起來一點也不像成熟龜類、鳥類或人的頭部，但在剛受精不久時，所有胚胎在頭部下方都有四個隆起的部位，稱為鰓弧（gill arch）。鰓弧之間有朝外打開的空隙，所有具備硬骨頭顱的動物都有這個構造。事實上，鰓弧的位置就是各種不同顱骨發育時的基底位置。在魚類的身體中，隆起部位間的裂縫最後成為鰓裂（gill slit）。人類雖然沒有鰓，但是在胚胎階段依然有那些隆起與裂縫。在人類的身體中，隆起部位的細胞最後成為下顎、中耳、喉嚨和喉頭部位的骨骼、肌肉、動脈和神經。裂縫則沒有成為完整的鰓裂，而是黏合起來，成為耳朵和喉嚨的一部分。人類在胚胎時期有這些構造，但在出生之後就都沒有了。

相同的例子一個接著一個，腎臟、腦部、神經到脊椎骨全都類似，這讓范貝爾的看法有強大而持久的影響力。鯊魚和硬骨魚的脊髓下方，有一個桿狀的結締組織從頭延伸到尾部，裡面充滿了膠狀物質，最後成為支撐身體的有彈性結構。人類的脊椎由脊椎骨所組成，脊椎骨與脊椎骨之間有椎間盤，並沒有桿狀構造從頭延伸到臀部。不過，人類的胚胎基本上和鯊魚與硬骨魚的相似，有那根桿狀構造。然而在發育過程中，那個構造斷裂成小塊，最後成為椎間盤的內部部位。如果你的椎間盤破裂，疼痛不已，受傷的就是發育過程遺留下來的殘跡。人類、鯊魚和硬骨魚都有這個構造。

范貝爾提出不同種類動物胚胎在早期階段的相似性，引起達爾文的注意。范貝爾的研究結果在 1828 年發表，達爾文在三年後知道了這個結果，那時他正在小獵犬號上，準備進行那趟改變他一生的旅行。三十年後，達爾文出版了《物種源始》把胚胎當成自己演化理論的證據。對達爾文來說，魚類、蛙類和人類這樣不同的動物有著共通的起始點，代表這些動物有相同的演化史。要支持不同的動物具備共同祖先的理論，還有比牠們具有相同的胚胎發育階段更好的證據嗎？

　　晚范貝爾一個世代的德國科學家恩斯特‧赫克爾（Ernst Haeckel，1834~1919），追隨前人對於胚胎的發現結果，探討了胚胎的發育階段與演化歷史之間的關聯。他就學時接受醫生訓練，但是他無法忍受看診，於是前往耶納（Jena）和一位當時頂尖的比較解剖學家一起做研究。讀到達爾文的著作並且見到達爾文，改變了他的一生。

　　赫克爾到處收集動物的胚胎，發表了超過百篇關於各種動物胚胎發育階段的學術論文。他想像藝術和生命之間是無縫連接的：對他而言，生命的多樣性是一種藝術形式。他也發表了一些最美麗的彩色石版畫。他對於珊瑚、貝殼與胚胎的描繪，反映了一個精細手繪圖畫結合科學與美學的時代。胚胎特別出名，並不只是因為美麗，而是因為能連接到達爾文的新理論。赫克爾說了一句經常受到引用的話，這句話像是廣告鈴聲般持續在 20 世紀的生物學研究中響起：「個體發生（Ontogeny）重現了親緣關係（phylogeny）。」

　　赫克爾宣稱動物的胚胎在發育的過程中，依循生物演化的軌跡歷史：小鼠胚胎變化的方式，依序是像蠕蟲、魚類、兩生類以及爬行動物。促成這些階段的機制，取決於新特徵在演化中出現的方式。他認為在每個發育階段結束時，新的演化特徵會加進來。舉例來說，在魚類祖先發育到最後階段時，就增加了兩生類獨有的特徵，接著就發育成兩生類了；之後再加上爬行動物的特徵，就變成了爬行動物，依此類

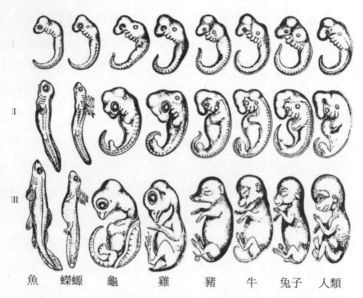

魚　蠑螈　龜　　雞　　豬　　牛　兔子　人類

赫克爾比較不同物種胚胎發育的過程。這張圖影響深遠但充滿爭議。
有些人認為，他過度強調胚胎中的相似特徵，並按照著自己的意思做
了修改。

推。根據赫克爾的說法，隨著時間推移，這個胚胎發育的過程
重現了演化歷史。

　　如果真如赫克爾所推論，生物演化時可以從胚胎發育的過
程中重現，那麼還需要化石幹麼？赫克爾的說法影響深遠，讓
許多人開始收集各種不同動物的胚胎，其中一次遠征是羅伯
特・法爾康・史考特（Robert Falcon Scott）在 1912 年參與的
南極之旅，有三名成員在收集皇帝企鵝卵時喪命了。當時的探
險家認為皇帝企鵝相當原始，卵中隱藏了爬行動物演化成鳥類

的線索，因此在胚胎發育的某個階段看起來可能像是牠們的爬行動物祖先。

　　在南方的寒冷冬天中，三位團隊成員從基地搭乘雪撬出發，展開為期一個月的旅途，前往企鵝繁殖地克羅齊爾海岬（Cape Crozier）。在漆黑中，溫度下降到攝氏零下五十度。在帳篷被強風吹垮、或是人掉落到冰層空隙的狀況下，這三人幾乎多次喪命。其中一名成員阿普斯利·切利－葛拉德（Apsley Cherry-Garrard）寫下了經典的旅途紀錄《世界最險惡之旅》（*The Worst Journey in the World*），說明小組帶著三顆企鵝卵返回營地的過程。後來在這次探險中，史考特和其他四名成員在試圖前往南極的旅途中去世了，其中包括兩位和切利－葛拉德

切利－葛拉德經歷了世界最險惡之旅，帶回企鵝卵。

一起去找企鵝卵的夥伴。切利－葛拉德回到英國，想要把企鵝卵送給大英博物館，但是館方在討論是否要接受時，讓他在大廳裡等了好幾個小時，後來才勉強收下那些卵。就如切利－葛拉德後來在寫給館長的信中所說的：「我奉上來自克羅齊爾海岬的胚胎，為此有三個人犧牲生命，一人失去健康，而您的館員卻沒有道謝。」

　　博物館勉強收下那些卵的原因，在於探險隊出發到切利－葛拉德返回的這段期間中事情有了變化。赫克特的再現理論受到眾人的質疑，新的發現也指出企鵝可能沒有那麼原始。赫克特激發了人們對於胚胎學的興趣，卻也種下自己失敗的原因。科學家想要從胚胎中找尋演化歷史，於是研究了許多物種的胚胎發育階段。在絕大多數的狀況下，范貝爾所指出「不同物種的胚胎具有相似之處」這個概念算是站得住腳，只是偶有例外。但是新的資料卻不支持赫克特的再現理論，事實上更是站在反方——沒有一個胚胎的發育階段可以看到祖先的模樣。人類的胚胎有點像魚類的胚胎，這點范貝爾已經指出了，但是人類胚胎從來都沒有長得像是人類的哪個祖先，例如有腳的魚或是南方古猿（Australopithecine）。鳥類的胚胎也沒有哪個階段長得像是始祖鳥。

　　赫克特的理論是錯誤的，但卻指引了無數科學家的研究，並且至今還遺留在某些領域中，卻在這一個世紀以來已不屬於科學研究的目標了。受到赫克特影響力最久的，可能是對他的理論最厭惡的人。

墨西哥虎螈

　　華爾特・戈斯登（Walter Garstang，1968~1949）就對赫克爾的概念鄙夷到連自己所做的批評最後都轉變為對於生物演化的新概念。他一生有兩個相距甚遠的嗜好：蝌蚪和韻文。當他沒在研究青蛙的幼態時，就在寫押韻五行詩。這兩份嗜好在他去世後兩年集合成《動物幼體形式與詩文》（*Larval Forms and Other Verses*）一書，書中把科學研究轉換成了詩句發表。

　　〈墨西哥虎螈與幼八目鰻〉看來不像是首好詩的標題，內容提到了蠑螈（墨西哥虎螈）和類似蝌蚪的動物（幼八目鰻）。不過詩中表達的意義改變了整個領域，並且決定了後來數十年的研究方向。戈斯登的概念不只解釋了迪梅里圈欄中發生的神

《動物幼體形式與詩文》開頭中戈斯登的照片。

奇事件，也揭露了讓人類能夠出現在地球上的一些變革。對於
戈斯登而言，幼態不只代表了發育的過程，也具備了許多生物
演化史的痕跡，以及未來變化的潛能。

　　居住在水中的蠑螈，發育過程中有許多時間待在石頭下、
落在溪流中的樹枝上，或是池塘的底部。牠們的幼體出生時
頭部扁平、有鰭狀肢以及寬廣的尾部。鰓從頭顱的基部冒出，
就像雞毛撢子中有一撮羽毛突出來一般。每片鰓都既扁平又寬
大，將表面積增加到最大，好吸收水中的氧氣。牠們的鰭狀肢
和尾部再加上鰓，顯然是為了在水中生活。墨西哥虎螈的卵中
蛋黃含量非常少，所以孵化出的幼體必須大吃大喝，才能夠生
長發育。牠們的大頭像是吸濾漏斗，只要把嘴張大，水和食物
顆粒就會流進去。

　　接著就發生了變態（metamorphosis），上述特徵全都改變
了。幼體的鰓消失了，頭顱骨骼、四肢和尾巴重新改造，從水
生生物變成陸生生物了。新的器官讓牠們能夠在新的環境中棲
息。在陸地吃的食物也和在水中的不同。頭部結構原來適合在
水中吸入獵物，在空氣中就不管用了。所以牠們的頭顱骨骼改
變，讓舌頭能夠快速伸出抓取獵物。一個簡單的轉變影響了全
身，包括鰓、頭顱與循環系統。這個從水中到陸地的轉變，數
億年前發生在人類的魚類祖先身上，而在蠑螈幾天的變態過程
中重現了。

　　迪梅里在他的圈欄中看到蠑螈這樣驚人的變化，便追蹤了
蠑螈整個生活史。這些蠑螈是戈斯登詩作中所說的墨西哥虎

蠑螈，牠們通常會從居住在水中的幼體，變態為在陸地上生活的成體。但是一如迪梅里後來所發現的，事情並非全然如此。變態有兩種途徑，取決於幼體生活的環境；如果環境比較乾燥，那麼蠑螈在生長的過程中就會變態，進而失去在水中生活的特徵，成為在陸地生活的成體。但若是在潮濕的環境中長大，那麼牠們就不會產生變態，而是直接長成水生幼體的放大版，具有完整的鰓與鰭狀的尾巴，寬的頭顱很適合在水中攝食。當時迪梅里並不知道他從墨西哥得到的大型成體並沒有發生變態，因為牠們原本居住的環境是潮濕的。但那些蠑螈的後代是在乾燥的圈欄中生長，於是發生了變態，以致幼體所有跟水棲有關的特徵全都在變態過程中消失了。

蠑螈的發育過程可以減緩或是停止，使得身體出現巨大的變化。

　　發生在迪梅里圈欄中的神奇事蹟，只是動物發育的過程出現了一個簡單的轉變。現在我們知道，變態之所以會啟動，是因為血液中的甲狀腺激素（thyroid hormone）濃度突然增加。這種激素造成某一些細胞死亡、某一些增殖，還有另一些轉變成其他形式的組織。如果甲狀腺激素濃度維持平穩，或是細胞對甲狀腺激素的變化沒有反應，變態過程就不會啟動，如此一來，蠑螈將保有幼體的特徵而長大成熟。發育過程中的變化縱然很微小，也能促成整個身體的改變。

　　戈斯登改善迪梅里的研究，提出一個共通原則：在發育過程中適時出現的小變化，有可能在演化上造成巨大的差異。這樣說好了，在某個遠古發育階段的序列中，如果發育減緩或是提早結束，那麼這個後代就會看起來像是祖先年幼時的樣貌。發生在蠑螈身上，就可能讓牠們的身體看起來像是在水中生活的幼體，依然有露在外面的鰓，而且四肢的指頭比較少。另一方面，如果發育過程延長或是加速，誇張的器官或是身體部位就會出現。蝸牛的外殼是在發育階段一圈又一圈地加上去的。有些種類的蝸牛演化成發育時間增長，或是發育速度加快，這樣蝸牛的後代，殼圈的數量就會比祖先更多。同樣的過程可以解釋各種大型或是誇張器官的出現過程，不管是麋鹿的角，還是長頸鹿的脖子。

　　修改胚胎發育的過程，能夠造就出截然不同的新生物。從戈斯登開始，科學家針對發育的時機如何改變並造成演化上的改變，進行了分類。減緩發育的速度與提早結束發育，是兩種不同的過程。這兩種過程造成的結果很相似，都有看起來較年幼的後代，但是起因卻不同。類似的因果關係也出現在發育的速度較快，以及延長發育時間的狀況下。在這兩種情況下，有些特徵變得誇張或是變大了。

科學家在找尋不同的原因時，會去調查可能控制這些事件的基因，或是引發事件的激素，例如甲狀腺激素。這種發育與演化的研究方式稱為「異時發生」（heterochrony），後來成為獨自一門的研究領域。動物學家和植物學家這一個多世紀以來比較了各種生物的胚胎和成體，指出改變發育事件的時機，會讓動物和植物產生新型態的身體。戈斯登自己就舉出一個人類演化過程中的驚人例子，那時我們人類的祖先還是像蠕蟲的動物。

幼八目鰻

在戈斯登的〈墨西哥虎螈與幼八目鰻〉這首詩中，說明了在演化過程中保留幼態特徵兩種最典型的改革方式。墨西哥虎螈屬於發育過程提早終止而造成變化的類型，牠的幼體本來是蠑螈發育過程的中間階段，最後卻成了終點。幼八目鰻是類似蠕蟲的小型動物，具有脊骨。雖然牠們安靜地在溪流底部吸食泥巴維生，但是生物特徵卻有很大的意義。

兩千多年前，亞里斯多德辨認並描述了數百種動物，包括蝸牛、魚類、鳥類和哺乳類。他把這些動物區分為體內有血液的和沒有血液的，這種區分方式與現在我們所認為的脊椎動物和無脊椎動物十分接近。地球上的動物分成兩類：有脊椎骨的和沒有脊椎骨的；人類、爬行類、兩生類和魚類，與果蠅和貝類顯然不同。范貝爾在魚類、兩生類、爬行類和鳥類身上觀察到這些脊椎動物的結構核心：所有脊椎動物在胚胎發育的某個階段都有鰓裂，還有支撐身體的棒狀軟骨棒，以及在其上延伸的神經索。打從范貝爾時代起我們就知道，在成熟的個體中，上述特徵有些會消失或是隱藏起來，但是一定會出現在胚胎階段。因此有人推測，脊椎動物的祖先應該是具有這三項特徵、類似蠕蟲的生物。

　　對於戈斯登和與他同時代的科學家來說，重要的問題是「體型呈現」（body plan）從何而來。無脊椎動物是否也具備了這類型的特徵？如果是，人類所屬的演化分支是怎樣與無脊椎動物分開的？蚯蚓沒有鰓裂，胚胎或成體都沒有棒狀軟骨，昆蟲、貝類、海星等其他種類的動物也都沒有脊椎。答案來自一個意料之外的物種，牠的外型像是一團冰淇淋，一輩子當中絕大部分的時間都黏在海洋裡的岩石上。

　　全世界的海洋中約有三千種海鞘。有些種類的海鞘像一杓冰淇淋，頂上有個類似煙囪的構造。牠們附著在海洋表面下的岩石上，往往一待就數十年，所做的事情只有吸水與噴水。水會從牠們頂部巨大的管子中吸入，流經身體後，從位在身體中央的管子排出。水流過身體時，海鞘會過濾其中的顆粒作為食物。海鞘的形狀各式各樣，從團塊狀到扭曲的管狀，但全都沒有明顯的頭部、尾部、背部或是前端。你可能想像不出有誰比牠們更沒可能與人類的演化史扯上關係。

　　戈斯登對海鞘的幼體很有興趣，他發現了特別的東西。在 19 世紀晚期，俄羅斯的生物學家發現到海鞘從卵孵出來的時候，長得很像蝌蚪，能夠自由游動；直到變態之後，牠們才沉到水底，附著在岩石上。如果有哪種蝌蚪狀生物能夠激發想像力，就屬海鞘的幼體了！牠游動的樣子沒有半點成體的影

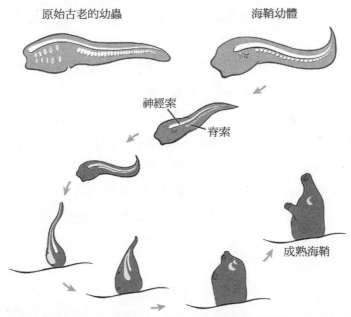

原始古老的幼蟲　　　　　　　　海鞘幼體

神經索

脊索

成熟海鞘

海鞘看起來像是形狀不規則的團塊，但是剛出生時具有許多人類也具備的特徵。

子。牠有顆大頭,透過長尾巴的收縮伸展而游動。牠體內有一條沿著背部伸展的神經索,以及從頭部延伸到尾巴的結締組織桿,頭的基部甚至有鰓裂。推測中脊椎動物祖先所具有的三大特徵,全都出現在海鞘的幼體身上。

之後,海鞘幼體身上的這些特徵全都消失了,至少以人類中心的角度來看,這些特徵很重要。在孵化出來幾週後,蝌蚪狀幼體游到水底,過程中牠的尾巴消失了,神經索和所有結締組織桿也消失不見。鰓裂變化成吸水器官的一部分。之後牠的日子就是黏在岩石上吞吐水。那個體型呈現如同脊椎動物的蝌蚪狀幼體,變成了會被誤認為植物的模樣。

戈斯登認為,無脊椎動物變成脊椎動物的過程中,發育時機的改變是首先重要的一步。人類成體和魚類成體沒有半點兒類似於海鞘——很多人認為這樣的比較是在侮辱人類。但重點在幼體上。所有脊椎動物的祖先,都來自海鞘早期發育過程中止而保留住幼體階段的特徵,然後幼體在留有這些特徵下長大成熟。結果是,成體看起來像是海鞘祖先的蝌蚪幼體。這種具有神經索、結締組織棒狀構造與鰓裂的動物能夠自由游動,可能是所有魚類、兩生類、爬行動物、鳥類和哺乳類的祖先。

變化的樣貌

發育過程中時機改變所造成的演化,例子非常多,今日翻閱科學期刊要是沒看到相關的論文還真的不容易。其中最開創性的例子，也是非常具個人性的。

在 1820 到 1930 年間，是生物學界許多重要概念出現的時代。范貝爾、赫克特、達爾文、戈斯登，以及其他無數的科學家，研究生物的結構、化石與胚胎，找尋能解釋動物現在有如此模樣的規則。在此同時，造成生物多樣性的機制也一一被發現。

在這樣的學術背景下，瑞典解剖學家阿道夫・尼夫（Adolf Naef，1883~1949）在學術機構的地位逐漸高升，並與瑞士及義大利的重要科學家一起研究。1911 年，他對哥哥說自己的研究目標是建立「生物體形成的普遍原則，對此我有許多新的想法」。

尼夫是一絲不苟的解剖學家，知道精美的圖片與影像在科學爭論中有多重要。不過他的生活在許多方面都可以用與他人的爭論來定義。他在給哥哥的信中寫道：「我的行為讓大部分的人疏離我。有些人依然欣賞我，其他人只因為我的學識而接受我。我的敵人比朋友還多。」在更之前的一封信中，他聲稱「在瑞士，並沒有可以讓我容身的一流學術界」。這樣的態度讓尼夫在瑞士找不到工作，他的研究生涯大部分都待在開羅。

在開羅的時候，尼夫發展出一個解釋生物多樣性的理論，該理論反映出兩千多年前柏拉圖的哲學。柏拉圖在《理想國》一書中，指出所有實體都是理想本質的具體呈現，那種本質是永恆與普遍的，是所有多樣性的基礎。各式各樣的物體，不論是杯子還是房子，對柏拉圖而言，都可以化約成某種形而上的本質，而各種具體呈現出來的物體都來自於這種本質。尼夫把這個概念應用到生物多樣性上，在他的「唯心型態學」（idealistic morphology）中，動物的多樣性也有一種本質。對尼夫而言，這種本質就是動物在胚胎發育時呈現的相似性。

　　尼夫的理論架構大多為人所遺忘，被來自遺傳學和演化關聯性的新數據給取代了。不過他說明自己失敗的理論時用了一張圖，這項貢獻則恰如其分地延續至今。那張圖片上有一隻剛出生的黑猩猩與一隻成年黑猩猩。尼夫注意到年幼黑猩猩的頭顱頂部大、頭部豎直而且臉部小，因此宣稱：「在我所知的所有動物照片中，這張最像人類。」他想要表明人類的特質在發育初期階段所呈現出的方式。他的理論或許是錯誤的，但這張圖卻很有影響力，自 1926 年發表之後的數十年間催化了許多研究。

　　比起成年黑猩猩，成年人類的眉頭較小，相對於身體而言腦部較大，顴骨較纖細，下顎小，顱骨各部位的比例也不同。然而，雖然這些特徵不同於成年黑猩猩，卻類似於幼年黑猩猩。人類的發育也比較慢，孕期和幼兒期都比黑猩猩來得長。藉由發育減緩的方式，人類保留了許多祖先年幼時期的身體部位比例和形狀。對尼夫而言，我們祖先的幼體在許多方面都很像人類。

　　這個見解像是透鏡，讓我們看見更多人類演化的過程。後來，古生物學家史蒂芬・傑・古爾德（Stephen Jay Gould）和

尼夫深具影響力的圖片：年幼黑猩猩與成年黑猩猩。年幼黑猩猩可能是剝製標本，強調出類似人類的身體比例和姿勢。

人類學家艾胥利・蒙塔谷（Ashley Montagu）發現到，人類某些基本特徵光是藉由調整生長與發育的速度就可以出現，例如相對於身體比例而言大上兩倍的腦，使得童年時期拉長，因此有更多學習機會，以及許多其他的人類特徵，可能都是發育時機調整所致。這個關於人類演化的解釋簡潔優雅，新的研究結果卻指出，人類特徵的出現不光只是減緩發育速度而已；人類的有些特徵類似年幼黑猩猩，但有些特徵如腿部和骨盆形狀讓人類能夠以雙足直立步行則不是。有個假設理論指出，身體不同部位會透過不同的發育速度來演化，比如頭顱發育的速度變得比較慢，腿部和雙足步行特徵則相反。

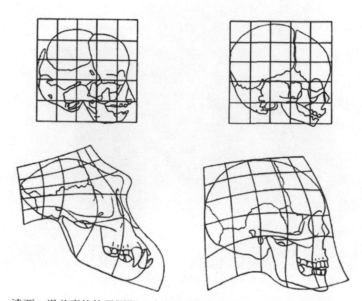

達西‧湯普森的格子圖顯示出在人類與黑猩猩中，頭部骨骼各部位大小的改變，能說明兩者頭部形狀的差異是如何產生的。

　　達西‧湯普森（D'Arcy Thompson，1860~1948）採用上述說法和其他概念，提出了瞭解生物多樣性的數學研究方式。他的目的是把各種動物之間的差異，化約成簡單的圖示與方程式。

　　在一次大戰期間，他完成了《論生長與成形》（*On Growth and Form*）一書，激發了許多科學家投入解剖學研究。其中的圖示既簡單又有影響力。他把黑猩猩幼兒顱骨與人類顱骨圖雙雙放到直角坐標系中，讓坐標線通過兩個顱骨中相似的點。他也對成年個體的顱骨做了相同的處理，讓坐標中通過幼兒特定部位的格線，也通過成年顱骨中的相同部位。

　　結果顯示：在幼兒圖中坐標線是直的，但到了成年圖時卻彎曲了，彎曲的程度代表了形狀變化的程度。這個圖顯示出，在成長階段一開始時，黑猩猩和人類頭部各部位的比例相近，但是後來黑猩猩的頭頂比例變小，臉部和眉脊突出；人類則是頭頂變大，臉部只是稍微增大而已。在湯普森的見解中，人類和黑猩猩的差異並非來自新的器官出現，而只是身體各部位的比例改變了，就像是各部位的發育速度減緩或是加快了。

獨攬大權的細胞

　　自潘德爾用放大鏡研究胚胎以來，我們知道身體各個部位的發育，彼此之間往往緊密協調。一個細胞或是一小群細胞的微小改變，就可能造成成體許多部位的改動，這些改動甚至會成為發育異常疾病的名稱，例如手腳生殖器症（hand-foot-genital syndrome）就是因為一個遺傳突變，影響了發育階段早期細胞的行為。因為一個突變，影響到了手指的大小與形狀、腳的模樣，以及把尿液從腎臟帶出來的管道。小的變動就能造成大範圍的影響；如此一般，某些構成身體的細胞出現變化，能讓我們瞭解在生物史中出現的演化改變。

　　要瞭解這種方式的演化，我們需要回頭看看海鞘。一如戈斯登之前所提出的，最近的 DNA 證據確認了從無脊椎動物轉

變為脊椎動物的一個關鍵步驟。這個步驟如果發生在海鞘幼體
上，就能讓脊椎動物的特徵保留下來，成為脊椎動物的祖先。
而具備類似蝌蚪的成體，就具備了脊椎動物身體的基本結構。
不過，在脊椎動物的起源過程中，還有其他的步驟出現。

　　人類或是魚類這些脊椎動物，並不只像是海鞘幼體，另外
還需要堅硬的骨頭支撐身體、有富含脂肪的髓鞘包圍神經、皮
膚中的色素細胞，以及控制頭部肌肉的神經等等。就像這樣，
脊椎動物具備了無脊椎動物所缺乏的數百種特徵。無脊椎動物
和脊椎動物可說是從頭到腳都大不相同。顯然不是發育階段時
機的改變，就能造成這全部的變化。

　　生物學天才茱莉亞‧巴羅‧普拉特（Julia Barlow Platt，
1857~1935）出生後不久父親便去世，由母親獨自扶養長大。
她在美國佛蒙特大學讀了三年就畢業，接著進入哈佛大學，鑽
研雞隻、兩生類和鯊魚的胚胎。由於深具天分與野心，她為自
己設定了大膽的研究目標。頭部，可說是身體上最複雜的部
位，若排除牙齒不算，人類的頭部有將近三十塊骨頭，魚類和
鯊魚頭部的骨頭則更多。頭部解剖構造的複雜，來自於要在這
個比較小的結構中容納一團特殊的神經、動脈和靜脈。普拉特
追蹤下顎和顴骨的最早期發育過程，結果藉由研究頭顱，她找
出了隱藏在成體中的重要相似性。不論她自己知道與否，她都
已經進入科學界最具爭議的領域當中。

　　當時的學術氣氛，對於追求高等學歷的女性並不友善。由
於在哈佛大學研究不易，普拉特發現歐洲的文化更為開放，便

到德國就讀研究所。之後她開始在歐洲各地研究，最後落腳於美國麻州的伍茲赫爾海洋研究所（Woods Hole Oceanographic Institution），在那兒遇到了海洋實驗室的主任惠特曼（O. C. Whitman），並且跟著他到芝加哥大學。後來惠特曼成為該校的動物系主任。

惠特曼的實驗室風氣自由，把年輕科學家當成後輩同事來看待，允許他們進行自己想做的研究。在這樣的環境下，普拉特的才能大爆發。她利用從伍茲赫爾收集到的動物樣本，以及惠特曼在芝加哥傳授她的技術，研究了蠑螈、鯊魚和雞的頭部形成過程。之所以研究這些動物，重要理由在於技術問題：這些動物的胚胎大並且在卵中發育，容易觀察與操控。

在惠特曼的協助下，她發展出一種費力但是精確的方法，能夠追蹤發育中的細胞變化。她追蹤的起點是潘達爾和范貝爾在 1820 年代發現的三層胚胎組織。在普拉特的時代，那三層組織的功用已成為生物學界的公設：最內層形成腸胃道和相關的消化結構，中間層成為骨骼和肌肉，最外層成為皮膚和神經系統。普拉特注意到，最外層和中間層的細胞大小不同、內部脂肪顆粒的數量也不一樣。她把這些差異當成標記，追蹤來自不同層的細胞群最後會到頭顱的哪些部位。這種方式讓她能夠知道頭部的各個部位來自哪一層組織。

根據當時的信條，蠑螈所有的骨骼應該全都來自中間那層組織，但是普拉特觀察到的脂肪顆粒顯示了還有其他組織。頭部有些骨骼，甚至牙齒中的象牙質，是來自於最外層，而當時人們認為最外層組織只會變成皮膚和神經組織。對於某些人來說，這個發現簡直就是異端邪說。居於領導的研究人員反對她，有位著名的科學家寫道：「檢查了發育時期許多階段的細胞後，我並沒有找到些微證據，能支持普拉特小姐的結論。」這只是眾多批評中的一個。對於 19 世紀的年輕女性研究人員來說，這些批評足以讓她的研究生涯在還沒開始之前就結束了。

　　所幸義大利那不勒斯動物學研究站的安東・多恩（Anton Dohrn，1840~1909）接受普拉特的想法。多恩當時很有影響力，他最初也懷疑普拉特的發現，但是她仔細的分析說服了他，於是他採用了普拉特的標記來研究鯊魚的發育過程。他寫道：「我完全同意普拉特的看法，我們該還她公道。不用多說，現在我也改變了看法，反對所有直接批評普拉特小姐的文章與說法。」

　　在普拉特所處的年代，科學機構幾乎沒有職位可以讓女性擔任，更別說是提出對抗根深蒂固正統理論的女性。普拉特在科學界找不到工作，只好搬到加州的太平洋叢林市（Pacific Grove），自己成立一個小型研究團隊，繼續從事研究，並寫信給當時新成立的史丹福大學校長大衛・史塔・喬丹（David Starr Jordan），希望能求得一職。她很希望能從事科學工作，並且知道自己做出了重大突破，她在信的結尾中寫道：「如果沒有工作就不值得活。如果無法得到夢寐以求的工作，我只能退而求其次。」

　　普拉特在科學界找不到工作,也覺得無法得到了,最後離開科學領域,以堅強的意志力和強烈的獨立精神面對新挑戰,在很短的時間內就成為太平洋叢林市首位女性市長,並且設立保護區以免蒙特雷灣(Monterey Bay)過度開發。現在蒙特雷灣的居民和遊客依然可以感受到普拉特的遺澤。

　　普拉特於 1935 年去世,沒有活著見證科學界還她公道。在她針對這個題目所寫的首篇論文發表後大約四十三年,研究人員才跟隨她的腳步,設計了更精細的方法來標示發育中的細胞。他們把色素注射到胚胎的細胞中,追蹤這些細胞在後續發育階段中的走向。另一個技術是把鵪鶉的細胞團移植到不同發

普拉特攝於加州太平洋叢林市市長卸職之後。

育階段的雞胚胎上，由於鵪鶉細胞很容易與雞的細胞區分開來，科學家就能知道那些器官是由鵪鶉細胞發育而來的。這兩種技術所得到的結果，都確認了普拉特研究的頭部結構中，的確有非來自范貝爾的中層組織——發育中的脊髓有些細胞會移動到鰓，成為鰓部的骨頭。

發現細胞能在不同的組織層之間移動，不只是胚胎三層組織架構中的例外事件，對於瞭解動物新結構的出現，有著更為深遠的影響。這些細胞從發育中的脊髓脫離，移動到胚胎的其他部位，之後會成為組織；這些細胞會變成色素細胞、神經的髓鞘、頭部骨骼，還有其他細胞——這都是脊椎動物獨有的特徵。這些戈斯登所說古代脊椎動物形成時的重大變化，涉及新的組職在身體中移動，而這些組織都來自某一形式的細胞，都衍伸自范貝爾所說的外層組織。普拉特正確發現的影響程度是她自己都始料未及的。她所找到的那些細胞後來所形成的組織，就是脊椎動物的特別之處。

戈斯登指出，脊椎動物起源於發育時機的變化，意即成體也保留了海鞘幼體的特徵。普拉特的發現揭露出之後的轉變——新種類細胞的起源。在這兩個發現中，若追溯不同組織與器官出現複雜變化的源頭，就會發現都是發育階段的簡單改變。時機的改變，加上新類型細胞的出現，就能打造出新的體型。

當然，這些研究發現帶來了新的問題：在發育過程中，這些改變是怎麼發生的？什麼類型的生物性轉變能讓胚胎發育本

身開始演化？生物並沒有直接從祖先那裡遺傳到頭顱、脊椎骨
或是細胞層，而是遺傳到打造那些結構的方式。就像是家傳食
譜，在代代相傳的過程中會有修改。在祖先傳遞到後代的漫長
歲月中，打造身體的資訊會持續改變。但是與廚房所用的食譜
不同，每代重寫的資訊並不是由文字傳遞，而是藉由 DNA。
要瞭解生物資訊，我們需要學習閱讀這種全新的語言，並且查
看在生物演化史中發生的新鮮事。

3
基因組中的大師
Maestro in the Genome

「我們發現了生命的奧祕！」據聞法蘭西斯・克里克
（Francis Crick，1916~ 2004）在領著詹姆斯・華生（James
Watson）進到劍橋的老鷹酒吧（Eagle Pub）時，吹噓了這句話。
之後，所有人都進入了 DNA 時代。一年後的 1953 年，這項
發現正式進行科學發表論文時的語氣則完全不同。在 8 月發行
的《自然》（Nature）中，華生與克里克的論文開頭以枯燥的
英式保守敘述方式開頭，那年之後的其他論文都相繼仿效。在
說到自己的發現時，他們說：「有新奇之處，在生物學上可能
相當有趣。」

這兩句話所揭示的內容，後人都認為理所當然。華生與克
里克兩人建立了 DNA 結構的模型，指出其中有雙股結構，當
兩股分開時，就能製造蛋白質或是複製自己。DNA 分子用這
種方式完成兩件了不起的事：掌握產生蛋白質的方式以此製造
身體，並把資訊傳遞到下一代。

華生與克里克追隨羅莎琳・佛蘭克林（Rosalind Franklin）

與莫里斯‧威爾金斯（Maurice Wilkins）的實驗工作，發現個別DNA是由其他分子連接而成的長串，就像是珍珠項鍊。這些分子稱為鹼基，有四種類型，分別用A、T、G、C來表示。一股DNA上有數十億個分子，形成像AATGCCCTC這樣的長串，或是四種分子以任何方式組合而成的序列。

　　這項發現讓人不得不謙卑：我們的形貌有許多取決於這些分子的順序。如果你認為DNA是含有資訊的分子，那麼我們每個細胞就像是有數百萬個超級電腦。人類DNA大約有三十二億個鹼基，這些DNA裂成多個染色體、摺疊捲曲起來，位於每個細胞的細胞核中。人類的DNA包裹得非常緊密，如果打開拉直、首尾連接，大約有兩公尺長。人類上兆個細胞中，每個都有這樣緊密彎曲的兩公尺長分子，縮成最小沙粒的十分之一大小。如果把這四兆個細胞中的所有DNA分子都首尾相連，你個人的DNA長度可以從地球連接到冥王星。

　　在懷孕時，精子和卵子結合，受精卵便有了來自雙親的DNA。遺傳資訊以這種方式從一代傳到下一代。我們自己的DNA來自於親生父母，我們親生父母的DNA來自他們的親生父母，如此回溯到遙遠的過去。在漫長的時光中，DNA把所有生物牢牢地連接在一起。達爾文的一項偉大見解，把這段關於家族關係的簡單敘述，推衍成更遼闊的歷史。他這個理念在分子階層上的含意就是：如果人類和其他物種有共同的祖先，那麼就可以從牠們的DNA連接到人類的DNA。人類的DNA會代代相傳，從雙親傳到孩子；那麼在生物四十億年的演化過程中，DNA 也應該從古代的物種傳遞到後代的物種。
果真如此，DNA 就是地球上每個生物細胞中都有的博物館，
在由 A、T、G、C 組成的順序中，記錄了數十億年來生命世
界的變化。

─────

艾米爾·祖克康德（Émile Zuckerkandl，1922~ 2013）的
親戚都是有影響力的人士，包括著名的解剖學家、哲學家、藝
術家，還有一位醫生。他出生於維也納，在充滿各種概念、科
學與藝術的環境中成長。納粹在德國取得勢力後，他的家人前
往巴黎和阿爾及利亞尋求庇護。家中友人將祖克康德介紹給愛
因斯坦後，愛因斯坦運用自己的影響力，讓年輕的艾米爾到美
國讀書。祖克康德去到伊利諾大學，在研究蛋白質生物特性的
實驗室做研究。他喜歡海洋，每到夏天就會到美國和法國的海
洋研究站去。在研究站的期間，他迷上了螃蟹，以及讓螃蟹生
長與蛻殼、從胚胎長成成體的分子。

祖克康德在適當的時機進入了生物化學領域。1950 年代
晚期，美國國家衛生研究院的科學家和克里克一樣，開始解
讀 DNA 中由 A、T、G、C 組成的序列所代表的含意。每個
DNA 序列都攜帶了製造另一種分子序列的指令。根據不同狀
況，一個 DNA 序列可能用來當作製造蛋白質的模板，或是用
來複製自己。在製造蛋白質時，A、T、G、C 序列會轉譯成另

一型態的分子序列的分子，即胺基酸。不同種類胺基酸的序列
接著就形成蛋白質。如果二十種不同的胺基酸都能以任意的方
式排列組合，且當中任一種都可以位於序列的任何位置，那麼
就有種類極多的蛋白質。用簡單的數學就可以計算了：假如有
二十種胺基酸可以在序列中任意排列組合，而一個蛋白質大約
由一百個胺基酸串接而成，那麼組合出的蛋白質種類數量就是
一後面接上一百三十個零（也就是 10^{130}）。實際數字還更大，
因為我們估計的蛋白質相當小，只由一百個胺基酸組成。人體
最大的蛋白質是肌聯蛋白（titin），由三萬四千三百五十個胺
基酸串接而成。

　　這個小小的計算讓人記得了 DNA 是由一串鹼基所構成，
這些鹼基像是字母，編碼了一串胺基酸序列，而這個序列會構
成蛋白質。由於不同的蛋白質中胺基酸的序列不同，DNA 所
編碼的這些各式各樣的蛋白質，讓每一代的生命都能獲得更
新。

　　到了 1950 年代後期，研究人員已經可以確定出不同蛋白
質的胺基酸序列，並開始去瞭解這些蛋白質在身體中的運作方
式。這些發現宣告了新時代的來臨：科學家可以藉由研究蛋白
質的結構而瞭解疾病。舉例來說，在鐮狀細胞貧血（sickle cell
anemia）患者身上，受到影響的紅血球壽命只有十至二十天，
而健康人體內的紅血球壽命將近長了十倍。除此之外，正如名
稱所暗示的，鐮狀紅血球的形狀不同，因此比起圓盤狀的正常
紅血球，它們在脾臟中更容易受到摧毀。嚴重的鐮狀細胞貧血

患者有七成在三歲之前死亡。正常的紅血球和鐮狀紅血球有什麼不同？只有某個蛋白質胺基酸序列中的一個地方不同——在序列中排第六位的麩胺酸（glutamate）變成了纈胺酸（valine）。光是胺基酸序列中的一個小小變化，對於蛋白質就有重大影響，連帶受到影響的還有具有這種蛋白質的細胞，以及具有這些細胞的個體。

受到這種新生物學力量的影響，祖克康德把注意力放到他在海洋試驗室中研究的物種上。他推測螃蟹從小胚胎蛻殼變為成蟹的過程中，有些蛋白質會發揮作用。他開始研究蛋白質的結構，以及蛋白質控制螃蟹呼吸、生長和蛻殼的方式。

之後他的科學生涯迎來了命中注定的轉折。諾貝爾化學獎得主林納斯・鮑林（Linus Pauling，1901~1994）到法國訪問，順便去拜訪了海洋實驗室的朋友。祖克康德本著對蛋白質與螃蟹的熱愛，找上了鮑林，這比較像是粉絲去見搖滾巨星，而不像是科學家尋找新的研究計畫。兩人之間的互動改變了祖克康德，最終也改變了科學。

在 1950 年代中期，鮑林發現了結晶的結構，以及原子與分子鍵的基本性質，甚至發展出全身性麻醉劑能發揮效用的分子理論。在發現 DNA 的結構上，鮑林輸給了華生與克里克，後來他花了很多心力在推廣自己的另一個理論：維生素 C 能預防普通感冒和其他傳染病。

鮑林在奧瑞岡長大，就讀於奧瑞岡州立農業學院。他對於科學研究毫無畏懼，讓我成為他的粉絲。我在紐約市一個基金

會的篩選委員會中擔任委員，這個基金會會在藝術家與科學家
生涯中的關鍵時刻提供資金。基金會於 1920 年代開始給予贊
助，並保留了所有的申請文件。基金會的辦公室就位於公園大
道（Park Avenue）上，是個寶庫，裡面有來自諾貝爾獎得主、
小說家、舞蹈家，以及其他各個領域學者的信件、檔案與申請
書。那裡有位同事知道我的喜好，一天早上我去工作時，發現
桌上放滿了一疊皺皺的舊檔案，那是鮑林自 1920 年代以來的
申請書。當時的申請書需附上現在不會要求的大學成績單與醫
師證明，我特別感興趣的是他在奧瑞岡州立農學院的成績單，
其中高分和低分的科目特別引人注意。他的幾何學、化學和數
學都到 A，這點一如所料。「營地烹調」理所當然得到不起眼
的 C，運動項目多年來都是一連串的 F。二年級時，鮑林在「爆
裂物」這個必修課上是全班成績最好的學生。他後來得到兩個
諾貝爾獎，一個是因為研究蛋白質結構而在 1954 年得到的化
學獎，以及反對核武試爆而在 1962 年得到的和平獎。他大學
時代在化學與爆裂物課程上的好成績已經預示了他的未來。

　　鮑林與祖克康德稍微交談後，發現他有特別之處，便邀請
他到加州理工學院。但是鮑林的建議是有附帶條件的；當時他
大部分的時間都在從事反核運動，沒有自己的實驗室，因此他
要祖克康德在他同事的生物化學實驗室中進行研究。一開始，
祖克康德和鮑林談的是螃蟹蛋白質的功用，但是鮑林有其他的
想法。當時，鮑林將近有十年的時間都十分關注核子輻射對於
細胞的影響，他的研究對象是血紅素，血紅素這種蛋白質在血

液中會攜帶氧氣，從肺部運送到身體其他部位的細胞。鮑林稍微提到這一點，建議祖克康德放棄研究螃蟹的念頭，改為研究血紅素。之後祖克康德改變計畫，證明了這個建議有先見之明。

　　祖克康德利用當時有限的技術，研究不同物種的血紅素。他無法定序出各個物種血紅素的胺基酸序列，所以只能將這些血紅素萃取出來，再利用簡單的方式估計這些血紅素的大小和攜帶的電荷。他推測這些蛋白質具有類似的胺基酸序列，大小和電荷也很相近，便以這些容易取得的測量值，作為估計這些血紅素相似性的指標。

　　祖克康德發現，人類和猿類的血紅素大小和電荷都相近，與蛙類及魚類相比就差比較多。對他來說，這種簡單的測量數字具有重要意義。他揣測，人類和猿類蛋白質相近可能是演化的結果——人類和其他靈長類血液蛋白相近，是因為他們的親緣關係相近。當他把這個初步結果拿給實驗室的頭頭看時，得到的是冷淡的反應。那位教授是死忠的創造論者，在他的實驗室裡沒人談論演化。他歡迎祖克康德在實驗室裡做研究，但實驗室老闆不會與說明人類和猿類有血緣關係的論文扯上任何關係。在祖克康德看到一絲成功的希望時，希望之門彷彿立刻就關上了。

　　之後幸運來敲門。這時鮑林獲邀在他的好友、另一位諾貝爾獎得主艾伯特・森高吉（Albert Szent- Györgyi）的紀念文集中發表一篇文章。紀念文集是期刊為了重要同仁退休所出的專書或特刊，通常收錄朋友或長期合作同事讚美當事人科學生涯的文章。這種文集雖然內容豐富，但往往沒什麼重要性，因為主要目的是回憶，偶爾點綴一些新資料。這類文集收錄的文章通常不會經過同儕審查，因此可以放些奉承當事人的長篇大論，或是作者本身在其他地方無法發表的研究資料。鮑林知道這種狀況，當然他本來就是很大膽的科學家，也想要紀念同事，因此有了個主意。他找祖克康德，說來寫一點「驚人的東西」。

這個不尋常的念頭造就了 20 世紀最經典的科學論文。

這時候生物化學界也剛好適合做些大膽的事。在 1950 年代末期，祖克康德進入鮑林的研究圈子時，科學界已經可以得到不同蛋白質的胺基酸序列，而鮑林的實驗室有辦法取得資料。當時還沒有現在的 DNA 定序技術，但是定序不同蛋白質序列還是有可能，只不過過程緩慢而且技術困難。鮑林得到了大猩猩、黑猩猩和人類蛋白質的序列。在這些新資訊的幫助下，祖克康德和鮑林準備好鑽研一個基本的問題：動物之間的蛋白質變化程度能否表明彼此之間的親緣關係？祖克康德使用大小和電荷做出的粗略分析結果，顯示蛋白質有可能說明一些生物演化史。

在我們知道 DNA 以及蛋白質序列之前的一個世紀，達爾文的概念已做出了相關的推斷。他認為，如果生物都位於同一個親緣關係樹上，那麼人類、其他靈長類、哺乳動物和蛙類的蛋白質，應該可以反映出彼此之間的演化史。祖克康德最初的實驗說明了的確如此。

　　血紅素變成了這方面研究的理想對象。所有動物進行新陳代謝都需要氧氣，血紅素這種血液中的蛋白質，能夠將氧氣從呼吸器官（肺或腮）攜帶到身體的其他器官。祖克康德和鮑林比對了不同物種的血紅素胺基酸序列，並且估計了這些蛋白質的相似程度。

　　每當祖克康德和鮑林把新物種的資料加入分析，達爾文的推測就越發清晰地呈現出來。人類與黑猩猩的序列相近程度，要比這兩種動物與牛的相近程度高。所有哺乳類動物的血紅素彼此之間的相近程度，又高於與蛙類相比較的結果。祖克康德和鮑林確信，他們從蛋白質就能解讀出每個物種彼此的親緣關係以及生物演化史。

　　這兩人在大膽的思想實驗中，把這個概念推得更遠。他們想，如果蛋白質在漫長時間當中演化速度都是相同的，那又會如何呢？如果這個想法是正確的，那麼兩個物種間的蛋白質差異越大，代表兩者從共同的祖先分開、獨自演化的時間就越長。依照這個邏輯，人類和猴類的蛋白質比較相似，這兩類動物與蛙類的蛋白質相對來說沒那麼相似，是因為人類和猴類的共同祖先距離現在比較近，而人類和猴類與蛙類的共同祖先距離現在比較遠。以古生物學來說這很有道理，人類和猴類的共同靈長類祖先存在的年代，比起人類和猴類與蛙類共同的兩生類祖先的年代距離現在更近。

　　如果蛋白質演化的速率如同祖克康德和鮑林所推測的具有

固定的數值，那麼你可以利用蛋白質序列的差異，計算物種之間共同祖先存在的年代（詳細方法見 270 頁）。不同物種體內的蛋白質可以當作瞭解演化的時鐘，不需要岩石或化石就能夠指出演化史的時間表。這個概念一開始提出來時的確很驚人，現在被稱為「分子時鐘」，在許多地方都使用來計算各物種的遙遠過往。

　　祖克康德和鮑林設計出推斷生物演化史的全新方式。一百多年以來，科學家比對古老化石以解開生物演化史，但現在祖克康德和鮑林透過瞭解不同動物的蛋白質結構，就能解開演化的親緣關係。這樣的看法如同挖到金礦：身體中有數萬種蛋白質，不同物種的蛋白質就像化石一樣，能提供大量的資訊。但是蛋白質不在岩石中，而是在地球上現存生物的每個器官、組織和細胞中。如果你知道研究蛋白質的方式，就能在任何物種豐富的動物園或水族館中研究生物演化史。現在所有生物的歷史都是可以探究的，縱使相關的化石並沒有出土。

　　代代相傳的 DNA 含有製造蛋白質（藉此打造身體）的資訊，個體的身體是地球過客，但是分子形式在歲月中形成牢不可破的連結。我們越深入這個連結，就越清楚所有生物之間的親緣關係。

　　紀念文集在 1960 年代初期出版之後，祖克康德和鮑林催生出利用分子追蹤生物史的全新研究領域。但從當時科學界對於這篇論文的反應，你想不到它在未來會造成這樣大的影響。在該篇論文發表後五十年，祖克康德回憶說：「分類學家討厭這篇文章，生物化學家認為這種方法沒有用處。」分類學家、古生物學家，還有任何專注在解剖構造的人，全都鄙視這個概念。不久後，這些領域出現了一個重建演化歷史的共通方法。祖克康德和鮑林指出幾乎現存生物體內的每個分子，都能道出過去的事件。如果古生物學家認為那篇論文威脅到自己的生計，生物化學家表現出的卻是毫不在意，對他們來說，演化學研究只是個附庸風雅的自閉圈子。就他們來看，認真的科學家會研究蛋白質結構、疾病與功能，而不是研究人類與蛙類的親緣關係。

分子革命

　　分子反應和科學概念共享一個基本的共通點，那就是都需要催化劑。後來，有一個人把祖克康德和鮑林的概念推廣到一個用新眼光研究生命歷史的科學社群中。

　　1960 年代早期，紐西蘭的數學天才艾倫・威爾森（Allan Wilson，1934-1991）轉行到生物學界，加入加州大學柏克萊分校的生物化學系。當時校園中的氣氛騷動不安，柏克萊大學更是如此，威爾森成為熱衷於政治活動的教授。他很享受做任何事時被示威活動打斷，甚至到他的學生說政治示威對他而言就像是某種實驗室會議。

　　威爾森在五十六歲的壯年時期就去世了，一個簡單的理念

支持他的整個研究生涯：如果你無法把複雜的現象簡化成各個
組成要件，那麼你並不瞭解這個現象。他的數學家本性引導他
找尋生物模式背後的簡單規則，並採用嚴格的方式測試這些規
則是否正確。威爾森極想發展出大膽又驚人的簡單理論，去解
釋生命史的複雜過程，並且全力研究去證明自己的概念是否正
確。如果這個概念經得起許多數據的猛烈砲火攻擊，他就會將
它公諸於世。在 1970 年代與 1980 年代，這種方式讓威爾森的
實驗室成為柏克萊大學中最傑出聰明人士的集會中心。他的實
驗室風氣自由、充滿熱情，吸引了來自世界各地的聰明學生，
有許多後來都成了傑出人物。

　　1987 年，我拿到博士學位之後前往柏克萊大學，當時威
爾森和他的研究團隊在科學發現上處於巔峰狀態。而我的研究
領域主要是岩石和化石，並不是蛋白質和 DNA。威爾森的演
講吸引了大學中許多人前來聽講，當時解剖學家和分子生物學
家之間的戰線可是非常激烈的。在一場研討會中，我坐在一群
古生物學家之間，威爾森每放一張幻燈片，他們的不安情緒就
跟著增加。在威爾森提出一個方程式後，古生物學家的不滿情
緒升到頂點；這個方程式只有三個變數，他宣稱這個方程式能
揭露在不同物種之間演化的速率有多快。一位同事用手肘輕輕
頂了我一下，諷刺地問道：「所以大部分的古生物學家都適用
於這個方程式？」

　　對威爾森而言，演化生物學領域這時候正好需要他所引起
的這種騷動。祖克康德和鮑林把蛋白質視為演化史標籤的看

法，完全契合他的研究風格：簡單，並能用新的資料加以檢測。動物有許多蛋白質，而且大家都知道這些蛋白質有很高的規律性，因此如果其中含有許多歷史訊息，那麼威爾森不但能找出這些訊息，還能夠從中提取所有可能的意義。

威爾森的目標遠大，他的問題是：人類和其他靈長類動物的親緣關係有多近？如果有什麼能引起騷動的問題，莫過於此了。因為在演化樹上，與這段歷史相關的化石相當稀少，分子研究就顯得特別重要。

威爾森具有神奇的力量，能夠吸引學生進入他的研究領域，讓天分受到滋養，並且幫助他們找到自己的重大發現。瑪莉－克萊兒‧金恩（Mary- Claire King）在美國中西部的學院就讀時，學習統計學。她在 1960 年代中期來到柏克萊大學，此時她已經沒那麼熱愛數學，正在尋找其他有興趣的學術研究目標。柏克萊大學某位資深科學家的一堂遺傳學課程，點燃了她對於這個領域的熱情。她在實驗室中工作了一年，得到的體會是她對實驗室工作沒有感覺。看來科學研究生涯無望了，於是她休學一年，去和拉爾夫‧納德（Ralph Nader）一起從事消費者保護運動。納德邀請她到華盛頓特區一起工作，如果她去了，就得遠離研究所。就在考慮這件事的期間，她參加了在柏克萊大學的抗議活動，因此耽擱了決定時間，但也讓她新認識了許多人物，其中一位便是威爾森。

在一次抗議活動後，威爾森說服了金恩回到研究所攻讀博士學位，這個頭銜有助於她在政治領域的發展。她幾乎馬上就進入威爾森以資料為核心的激進科學活動中。不過,她在威爾森實驗室中也有新的挑戰需要克服:不再只是和方程式與數字打交道,而是必須學習如何研究血液、蛋白質與細胞。

　　還有其他更讓人卻步的事情——威爾森要她從事一些精細的實驗室工作。自祖克康德和鮑林對於蛋白質進行了最初的研究以來,許多實驗室致力於解讀現存哪些猿類與人類的親緣關係最接近,以及人類演化分支和那些猿類分開的時間。威爾森和他的研究團隊則認為,若想找到答案,就得盡可能得到最新資料。金恩依照威爾森典型的思維模式,決定主攻血紅素,同時也研究任何拿得到的蛋白質。如果在許多不同的蛋白質中都找到相同的訊息,那麼便具備了強大的演化意義。金恩和威爾森從各個動物園當中得到了黑猩猩的血液,並從醫院得到了人類的血液。如果金恩本來在實驗室中沒什麼本領,那麼之後就會有了:黑猩猩的血液凝結得非常快,所以她進行研究的速度要很快,不然就得發展出新的研究方式。到最後,這兩種本領她都得到了。

　　金恩決定使用快速的方式檢驗這兩類蛋白質之間的差距。那個方式是祖克康德早十年前使用方式的簡化版本:如果兩個蛋白質間的胺基酸序列有所不同,那麼重量也會不一樣。除此之外,如果組成的胺基酸不同,所帶的電荷會不同。從技術的角度來看,如果你把這些蛋白質放到洋菜膠裡,然後在洋菜膠中通電,蛋白質就會受到電荷的吸引而跑到洋菜膠的一端。類似的蛋白質移動速度可能相同,不同的蛋白質移動速度則不同。你可以把洋菜膠想像成跑道，電荷量則決定運動速度。類似的蛋白質在相同時間中移動的距離十分類似，差距越大的蛋白質在洋菜膠中則會分開得越遠。

金恩開始做實驗時，並不確定自己的技術行不行。更糟的是，威爾森得到年休假，去了非洲，讓她大部分的時間只能靠自己。她盡力每週打電話跟教授報告自己的研究結果，不過大部分的時間都是在指導教授不在的狀況下進行研究。

一開始的進展並不順利。金恩想辦法把黑猩猩和人類的蛋白質萃取出來放到洋菜膠中。她讓電流通過洋菜膠，但是黑猩猩蛋白質和人類的每種蛋白質，在洋菜膠上面移動的距離幾乎都是相同的。她有正確地萃取出蛋白質嗎？蛋白質在洋菜膠中是否有順利移動？期待有所突破的希望似乎就要破滅了。

在慣常的會議中，金恩會把資料拿給威爾森看，後者的處理方式一如還在柏克萊時，使用技術問題來砲轟結果。但不論他運用任何可以想到的方式做出激烈批評，結果依然屹立不搖。人類蛋白質和黑猩猩蛋白質的序列幾乎相同，而且不只有一個蛋白質如此，而是有四十多個蛋白質都是如此。事實上，金恩並不是像無頭蒼蠅那樣漫無目的地亂做，而是揭露出基因、蛋白質和人類演化的一些基本內容。

金恩接下來比較人類、黑猩猩和其他哺乳動物的蛋白質，這時她的發現所具有的重要意義清楚地浮現出來。在遺傳上，人類和黑猩猩之間的相似程度，要遠高於人類或黑猩猩與小鼠之間的相似程度。幾乎相同的果蠅物種之間遺傳差異性，高於人類和黑猩猩之間。從蛋白質和基因的層面上來說，人類和黑猩猩幾乎是相同的。

金恩的洋菜膠實驗揭露了一個很深的矛盾。人類和黑猩猩的身體結構不同，其中人類有許多特徵是人類獨有的，例如較大的腦、雙足站立步行，以及臉部、頭顱與四肢的比例，這些難道不是因為蛋白質和編碼蛋白質的基因所造成的差異嗎？如果蛋白質和 DNA 大多是相同的，那麼種種差異是從哪裡來的？金恩和威爾森有想法，但還沒有能夠加以檢驗的技術。

後來的科學研究確認了金恩和威爾森一開始的見解：人類和黑猩猩的基因組比較結果，其中有 95% 到 98% 是相同的。

接下來的進展不只由一個學生和她的指導教授促成，而是來自集合眾人之力的科學研究，而這項研究的結果是由總統和首相宣布的。

缺乏基因的基因組

當年與美國總統柯林頓和英國首相布萊爾一起出席記者會的，是兩個定序人類基因組的競爭團隊之領導者——政府支持的計畫由法蘭西斯・柯林斯（Francis Collins）領導，私人資助的計畫則由克雷格・凡特（Craig Venter）指揮，而他們拿出來公布的只是簡單的基因組草圖。儘管當時基因組的公布轟動一時，不過在 2000 年的記者會中，基因組中還有許多區域沒有定序出來，而且幾乎不清楚哪些區域對於人類的健康與發育而言是重要的。

人類基因組計畫（Human Genome Project）最初的結果，重點在於技術而非基因組。定序人類基因組的競賽引發的技術狂熱仍延續至今。1965 年，戈登‧摩爾（Gordon Moore）對於微處理器的處理速度做出了著名的預言：每兩年速度會倍增。我們每次購買數位產品時都能感受到這種加速的結果：每年電腦和手機的處理速度都更快，價格也更便宜。基因組技術進展的速度甚至輾壓過微處理器的速度──人類基因組計畫耗資美金三十八億，所需的機器能填滿好幾個房間，花了十幾年才完成。但現在已經有可以定序的手機程式，市場上也有販售手持式基因定序儀。

人類基因組圖譜完成後，每年都有其他物種的基因組圖譜完成。現在基因組定序的速度之快，唯一能減緩發表速度的是科學期刊的出版週期。我們有小鼠基因組計畫、百合花基因組計畫、蛙類基因組計畫，從病毒到靈長類的生物體全都有基因組計畫。剛開始有個物種的基因組發表可是重大事件，會刊登在一流期刊上，媒體也會大肆宣揚。時至今日，除非牽涉到重要的生物過程或是關乎健康議題，新基因組圖譜的發表基因已經不值一提。

儘管定出基因組圖譜的論文逐漸失去光彩，但依然是能讓祖克康德、鮑林和威爾森高興與著迷的金礦。我們現在有了果蠅、小鼠和人類的基因組資料，能夠從中找尋生命的核心問題：

物種之間的親緣關係究竟如何，以及讓各個物種不同的原因是
什麼？

　　每個人的身體中有數兆個細胞，肌肉、神經、骨骼，與其
他數百種組織彼此合作，它們全都位於適當的位置上，並以正
確的方式連結。線蟲（Caenorhabditis elegans）只有九百五十六
個細胞，如果這還不讓你感到驚訝，想想這個：儘管人類和
線蟲的細胞數量、器官複雜性，以及身體部位的差異都很大，
但是人類和線蟲基因的數量卻是差不多的，大約都是兩萬個。
而且不光是線蟲如此，果蠅的基因數量也和人類差不多。事實
上，就基因數量來說，與稻米、黃豆、玉米和樹薯相比，動物
都輸了，植物的基因數量往往是動物的兩倍——在動物界中，
讓複雜的新器官、組織和行為演化出來的，並不是更多的基
因。

　　更奇特的是基因組本身的組織方式。記得之前提到的規矩
嗎？基因由一連串鹼基所組成，能夠轉錄成一串胺基酸，這些
胺基酸序列是蛋白質的密碼。基本上，基因內含了蛋白質的分
子模板。當某個基因序列發表了之後，作者得把序列資料公開
並上傳到國家的電腦資料庫。幾十年來的基因研究，讓這個資
料庫擴增的速度非常快，裡面有幾千個物種中無數個基因的資
料。現在你可以坐在電腦桌前，只要輸入一串序列，就能看看
哪個物種的哪個基因與這串序列相符。當你能用整個基因組比
對資料庫中的基因序列，便可以從比對結果得知基因組中有哪
些基因。過去二十年來，基因組序列一個個出籠，有個結果全

無例外——就是基因組中的基因很少。如果基因組中的基因具備的是用來製造蛋白質的密碼，那麼基因組的絕大多數片段都沒有辦法用來製造蛋白質。人類基因組中只有 2% 的區域中有蛋白質密碼，剩下的 98% 中沒有基因。

基因是 DNA 汪洋中的島嶼，除了極少數的例外，這個模式適用於線蟲，也適用於小鼠。如果基因組的大部分區域中沒有製造蛋白質的密碼，那要用來做什麼？

細菌來救場

富蘭索瓦・賈可布（François Jacob，1920~2013）和賈克・莫納德（Jacques Monod，1910~1976）這兩位生物學家在二次大戰後，從法國反抗軍中退役，開始研究細菌消化糖類的過程。如果說有什麼科學問題比這個更象牙塔式、與人類健康關係更疏遠的，應該是沒有。

賈可布和莫納德指出，常見的細菌 —— 大腸桿菌（*Escherichia coli*），能消化所處環境中的兩種糖類，一種是葡萄糖，另一種是乳糖。細菌的基因組相當簡單，一長串的基因中含有能製造消化每種糖類所需蛋白質的資訊。如果環境中葡萄糖多、乳糖少，基因組就會製造消化葡萄糖的蛋白質。如果狀況反過來，基因組則會製造消化乳糖相關的蛋白質。這種狀態看起來簡單又顯而易見，但是其中的基本機制卻為生物學帶來了革命。

　　科學家發現細菌基因組中的兩類區域。在第一類區域中，這些基因包含了製造消化兩種糖類所需蛋白質的資訊。其中的A、T、G、C序列會轉譯成胺基酸序列，組成蛋白質。基因與基因之間的序列也是由A、T、G、C所組成，但是比較短，其中並沒有製造蛋白質的密碼。當其他的分子附著到這些序列上，可能開啟或是關閉基因，這是第二類區域。你可以把這些比較短的區域想像成分子開關，它們會控制基因去製造蛋白質。在細菌的基因組中，基因和控制該基因的區域彼此相鄰。

　　賈可布和莫納德發現，細菌的基因組本身就是一種生物性的製造工序，能在適當的時候製造適當的蛋白質。基因組有兩個區域，一個是編碼蛋白質的基因，另一個是告知哪種基因在何時應該啟動的序列。兩人因為這方面的研究，於1965年獲頒諾貝爾生理醫學獎。

　　賈可布和莫納德得到諾貝爾獎後幾十年當中，科學家發現這個蛋白質製造程序的雙重組織特性，是所有基因組的共同特徵。動物、植物和真菌全都有編碼蛋白質的基因，以及控制基因開啟關閉的分子開關。

　　他們的發現提供了瞭解細胞、組織與器官之間區別的線索。人類的身體架構嚴密，具有四兆個細胞，組成了兩百多種組織，形成了骨骼與腦部、肝臟和骨架等等。軟骨組織的細胞能製造膠原蛋白（collagen）、蛋白多醣（proteoglycan）和其他成分。這些成分能和水與礦物質結合，讓軟骨柔軟但又具備支持的力量。不同的蛋白質組合讓神經細胞與軟骨、肌肉或是骨骼中的細胞各個不同。

　　然而重點在於，身體中每個細胞含有的 DNA 序列全都相同，都是由受精卵演變而成。神經細胞中的 DNA 基本上與軟骨、肌肉或是骨骼中的細胞都是一樣。如果每個細胞所含的基因相同，那麼讓細胞不同的，就在於是哪些基因活動起來製造蛋白質。賈可布和莫納德所發現的開關，對於瞭解基因組打造不同的細胞、組織與身體而言極為重要。

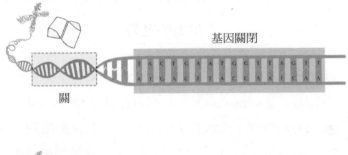

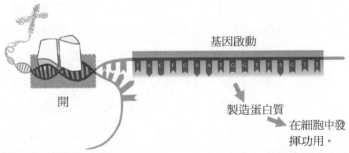

當基因開關起動（通常是因為有蛋白質與之結合），基因就會活躍並且製造蛋白質。

　　把基因組想成食譜，而基因密碼代表了材料，開關則代表何時使用那些材料的指示。如果基因組的 2% 是由能製造蛋白質的基因所組成，其他的 98% 則是告訴基因何時與何處要啟動的資訊。

　　但是基因組如何打造出身體呢？在生物演化史中又如何讓物種出現變化？在人類基因組計畫的時代，沒人知道這點。但有少數基因在基因組中很罕見，像是冰山一角，造成了許多驚奇。

手指出的道路

　　以前的水手相信六趾貓能給船隻帶來幸運。人們相信這種「多趾貓」（mitten cat）因為腳掌比較寬闊，在海上維持平衡的能力比較強，因此抓老鼠更厲害。船長史丹利・戴克斯特（Stanley Dexter）有了一窩這樣的貓，還把其中一隻送給當時住在美國佛羅里達州基威斯特（Key West）的朋友海明威（Ernest Hemingway），這隻叫做「白雪」（Snow White）的六趾貓後代，現在依然在海明威的房中居住。除了是吸引觀光客的亮點之外，這些貓也參與了基因組運作新概念的誕生過程。

　　人類有的時候也會多出手指或是腳趾。大約每千人中就有一人生來手或腳會多出指頭。有個極端的例子出現在 2010

海明威的貓腳掌寬大，有六根趾頭甚至更多。

年，一位印度出生的男孩總加起來有三十四根指頭。多出來的指頭可能長在拇指外側或是小指外側，或是手指分成兩個或有分岔。在拇指外側多出來的指頭稱為「橈側多指」（preaxial polydactyly），在生物學上特別重要。

　　1960 年代，科學家研究雞卵，好瞭解在胚胎發育的過程中，翅膀和腿如何形成。四肢像是小芽般從胚胎上長出來，有點像是小管子。過了幾天之後（這個「幾天」因物種的不同而有異），隨著小芽生長，骨頭開始成型，末端的形狀有點像是扁平的槳，而指頭、腕部和踝部全都在這個擴大的部位中形成。

　　科學家發現，如果調動或移走槳狀部位裡的細胞，就能改變後來指頭的數量。如果從頂端切除一小片組織，肢體的發育就會停止。如果在發育早期切除這條組織，那麼胚胎形成的肢體上指頭會比較少或是沒有指頭。如果在稍晚一點的階段切除這一條，那麼胚胎可能只會少一根指頭。在這個實驗中，發育所處的階段非常重要：早期切除造成的效果比較顯著，晚期的較不明顯。

　　威斯康辛大學的約翰·桑德斯（John Saunders）和瑪莉·蓋斯林（Mary Gassling），從肢芽正在生長的槳狀部底切了一小片組織下來（年代久遠，這麼做的原因已不可考），那片組織平凡無奇，看起來沒有絲毫不尋常，所在的位置就是在槳狀部位後來會長出小指的地方。兩位科學家看著這片不到一毫米長的組織，將它移植到肢芽的另一側，也就是之後會長出拇指的位置。完成了之後，他們把胚胎封回卵中，讓它發育完全。

　　這個胚胎發生的變化出乎意料之外。孵出的小雞看起來很正常，有一個喙、有羽毛、有翅膀，只不過正常的翅膀有三根長指頭，這隻小雞卻有六根。那一小片細胞團中含有製造指頭的指令。

　　其他實驗室馬上加入研究行動。1970 年代，英國有個研究團隊把小片錫箔放在那片組織與肢芽的其他部位之間，阻擋該片組織和其他細胞的接觸，結果翅膀的指頭數目減少了。這代表那片組織釋放出的某些化合物會擴散到發育中的肢體去，

刺激指頭的成形。當錫箔片阻止了擴散，發育出來的指頭便減
少。如果把錫箔放到肢體的不同位置，形成的指頭則會增加。
但是那種化合物是什麼？

　　1990 年代初期，三個各自獨立的實驗室利用新的方法，
找出那種蛋白質以及編碼該蛋白質的基因。在肢體發育的過程
中，該基因製造出來的蛋白質會擴散到肢芽的槳狀部位。研究
人員發現，擴散的程序會告知細胞群該要形成哪一根指頭。蛋
白質濃度高會讓小指成形，濃度低會讓拇指成形，中等濃度則
會讓小指和拇指之間的指頭成形。有個團隊把這個基因命名為
「音速小子」（*Sonic hedgehog*），這個名字有兩個梗：在其他
物種中有一類基因叫做「刺蝟」（*hedgehog*），而「音速小子」
是當時流行的電動遊戲主角人物。

　　但是，又是什麼告訴基因要製造少一點指頭或是多一點指
頭呢？造成音速小子基因活動與否的開關影響了指頭的演化
嗎？這個問題的答案，對於我們瞭解基因如何製造身體與演化
的過程，可能非常重要。

　　一如生活和科學中最重要的事件，這個故事也是從一個意
外開始的。

　　1990 年代晚期，倫敦一個遺傳學研究團隊，為了研究腦
部的形成，把小段 DNA 塞到小鼠的基因組中。這些 DNA 片
段像是微小的分子工具，可以連在 DNA 上，成為指示 DNA
活動的標記。在做實驗的時候，總是會有出差池的狀況。那些
片段可以插入基因組的任何位置，如果插入的區域有重要的生

物功能，就會造成突變。那個團隊就出了這種事：某些有插入片段的小鼠腦部正常發育，但是指頭變形了。事實上，有一隻小鼠長了多出的指頭，同時腳掌非常寬，就像是多趾貓那樣。該研究團隊培養出整窩這樣的小鼠，並且依照科學界的慣例取名，稱牠們為「大腳怪」（Sasquatch），那是鄉野傳奇中的大腳怪物。

　　由於當時這種突變小鼠對於腦部研究一無是處，研究團隊就想，或許有研究肢體的生物學家可能對牠們有興趣，就在科學研討會上展出了一張海報，說明這個結果。在研討會上，海報往往被認為是二流的科學研究結果，因為最好的研究往往會以演講方式來發表。但是海報具備社交功能，人們可以到處逛逛，並且彼此交流科學內容。以我的經驗來說，從海報得到的合作機會要多過演講的。

　　這個海報展示了音速小子基因突變所造成的多趾症：多出的指頭位於小指外側，原因是音速小子基因在肢體錯誤的那一側組織中活化了。研究團隊在海報中指出，下一步顯然是要研究在這些突變小鼠中音速小子基因的活性。他們意外製造了這個突變種，並利用顯微鏡觀察肢體發育，發現有音速小子活性的區域很廣，一如在這種多趾症中常會出現的狀況。這些觀察結果所引出的假設便是，大腳怪小鼠之所以出現，是因為將DNA片段插入音速小子基因附近或是基因中所造成的。

　　這張海報沒吸引到專門研究肢體的生物學家，不過愛丁堡大學傑出的遺傳學家羅伯特・希爾（Robert Hill）閒逛時看到了大腳怪小鼠的照片，從此展開了一個新的研究計畫。

　　希爾的實驗室以研究基因組在眼睛發育時的運作而出名。他的研究團隊，包括年輕的科學家蘿拉・萊蒂斯（Laura Lettice），發展出一套方法，能在基因組中找到某個 DNA 片段。由於他們知道那個插入 DNA 的序列，因此只要搜尋整個基因組，就能知道片段所在的位置。當時萊蒂斯的科學生涯才剛起步，還沒什麼經驗，但是她很有耐心，也具備完成實驗所需的技術。

　　該團隊利用簡單的技術，定位出 DNA 上發生突變的區域。他們把染料分子接在一個小分子上，而這個小分子能與造成突變的 DNA 片段互補。他們的基本概念是這段序列能找到突變，附著上去，接著染料就會顯示出突變的位置。由於這個突變影響的是音速小子基因的活性，所以突變可能出現在下面兩種位置：位於基因中，或是基因附近控制基因活性的區域──如同賈可布和莫納德在細菌中發現的控制區域。

　　結果，插入的 DNA 沒有影響到音速小子基因，那地方並沒有出現染料的反應。換言之，那些影響音速小子在肢體發育中造成多趾症的突變，並不在基因中，才沒有改變蛋白質。研究團隊就如同賈可布和莫納德那樣，認為可能是附近控制這個基因活性的區域受到了影響。但是當他們深入探究，就發現那個區域完全正常。如果基因本身和附近區域都沒有受到影響，那突變是怎麼產生的？

　　如果你在風大的日子要回收發射出去的火箭模型，就不該

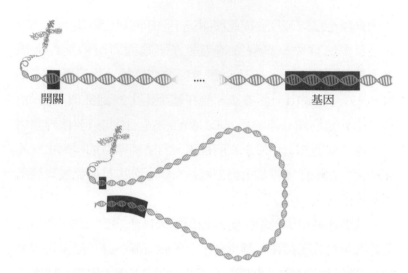

有些遺傳開關距離所控制的基因很遠。DNA 可以繞圈、折疊、扭曲，放
開或是纏緊，讓開關移動到所控制基因的附近，啟動基因製造蛋白質。

在附近尋找，而是應該去到遠的地方去看看。希爾、萊蒂斯和
研究團隊開始一一搜尋整個基因組，直到看到染色訊號為止。
那個插入的 DNA 片段位在音速小子基因上百萬個鹼基以外的
位置上，距離相當遙遠。他們認為自己一定是哪裡出錯了，於
是重新進行實驗，並且再次分析結果。但是他們再怎麼努力嘗
試，結果還是相同。是那個音速小子基因百萬鹼基以外的位
置，控制了該基因。這就像是在費城某個客廳中的電燈開關，
位於波士頓郊區某個車庫的牆壁上。

　　這個遠方區域的改變可能讓指頭數目增加嗎？研究小組回
去檢查每個他們所能找到的六指人或貓：荷蘭的多指症者、日

本的一位兒童，甚至海明威的貓，並且檢驗他們的 DNA，結果發現在每個案例中，在距離音速小子基因百萬個鹼基以外的位置都發生了突變。不知怎地，在基因組遠方的小突變改變了音速小子基因的活性，讓蛋白質產物擴散到整個肢體，使得指頭增加。

　　他們定序這個特殊區域的 ATCG 鹼基序列，發現該段 DNA 很特殊，長約一千五百個鹼基，在不同動物中這個序列可以彼此比較，人類的和小鼠的所在位置完全相同，都距離基因百萬個鹼基遠。蛙類、蜥蜴和鳥類的也是。基本上有四肢的動物都有，包括魚類，鮭魚有，鯊魚也有。不論什麼動物，只要在肢體發育過程中音速小子基因會活躍，不論那個肢體長成的是手腳或是魚鰭，都會在該基因百萬個鹼基以外的位置上有這個控制區域。大自然告訴科學家，基因組中奇特的組織方式必有重要玄機。

改變食譜

　　乍看之下，多趾貓和多指人能夠活到出生，算是奇蹟。音速小子基因控制的不只有胚胎發育期間的肢體，還主控了心臟、脊椎、腦部和生殖器。這個基因像是發育期間的多用途工具，能夠用在多種器官和組織上。音速小子基因上的一個突變，應該影響到了這個基因有活動的所有組織中，讓脊髓、心臟、四肢、臉部、生殖器和其他器官變形。但是，音速小子基因上一個突變會造出怎樣的動物？音速小子基因中一個突變就能讓那麼多組織異常，答案應該是死的動物。

　　但在發育過程中，這個基因受到控制，所以確保了上面說的那種結果不會出現。為什麼？因為控制肢體區域的突變只會影響肢體。由於這種音速小子突變而出現的多指症者，心臟、脊髓和身體其他構造都是正常的：那個開關只控制基因在特殊組織中的活性，在其他組織中沒發揮作用。

　　想像一間有許多房間的屋子，每個房間都有自己的溫度調節裝置，改變整個房子的加熱裝置會影響每一個房間的溫度，但是一個溫度調節裝置只會影響一個房間。基因和相關的調節區域彼此之間的關係也是如此。改變加熱裝置會影響整個房子，改變基因本身（也就是改變這個基因所製造出來的蛋白質）會影響整個身體。這種全面改變會造成大災難，在演化上是死巷。但是改變了控制在特定組織中活性的區域，就像是改變了房間的溫度調節裝置，只會影響一個器官，其他的則不受影響。突變個體能夠存活，演化能夠運作。

　　基因組中兩種突變參與了演化所造成的改變。第一種是基因本身中的突變，能產生出新的蛋白質。序列中的鹼基改變，會使得蛋白質的胺基酸序列也跟著改變。若是這樣，那麼就有了新的蛋白質。很顯然，身體中有許多蛋白質會出現這樣的突變，例如祖克康德與鮑林所研究的血紅素基因。重點是這種在蛋白質中的改變，會讓身體中有這種蛋白質的部位都受到影響。

　　第二種類型的基因組突變發生在控制基因活性的開關上。柏克萊大學一個實驗室看到了希爾的研究後，想找看看音速小子基因是否參與了四肢的演化。他們從蛇開始研究，因為蛇沒有四肢。他們把蛇基因組中有這個開關的區域從蛇中取出來，移植到小鼠上，結果小鼠的四肢沒有長出指頭。顯然蛇控制肢體形成的開關中之前發生了這個突變。在蛇的體內，音速小子基因的蛋白質完全正常，因為蛇也有心臟、脊髓和腦部。它只在肢體中改變開關，代表音速小子基因的活性只會在肢體部位改變。

　　這種遺傳手法道出了經常引起演化變革的機制。過去十五年來的研究指出，控制基因活性的開關出現變化，是脊椎動物和無脊椎動物演化中重大轉變的起因，這種變化造成了頭顱、四肢、魚鰭、翅膀，以及蠕蟲身體等的差異。前前後後許多例子指出，演化改變很少出自於基因本身改變，而往往來自於基因在發育時活躍的時間與部位的改變。

　　美國史丹福大學的遺傳學家大衛・金斯利（David Kingsley）花了將近二十年研究一種小型魚類三刺魚（threespine stickleback），這種魚生活在世界各地的海洋與溪流中，牠們的身體有很多變化，有些有四個魚鰭，有的只有兩個，有些則身體形狀不同、花紋也不同。這種多樣性讓牠們成為絕佳的系統，可用來研究遺傳改變如何讓魚產生差異。金斯利利用基因組工具，找到了造成大部分變化的 DNA 區域，基本上每個區域都是控制基因活性的開關。只有兩個魚鰭的,在後鰭發育時基因受到抑制,以致基因活性受到嚴重的影響。他指出,改變的地方不是基因本身,而是控制基因活性的開關。猜猜看,當他把四鰭的魚身上的開關,移植到只有兩鰭的魚身上時發生了什麼?他讓兩鰭的魚生下了四鰭的後代。

　　現在我們有技術能夠掃描整個基因組,找出基因和控制基因的區域。控制區域幾乎遍布整個基因組中,有的接近基因,有的就像是音速小子基因那樣距離遙遠。有些基因具有許多控制區域,活性受到那些區域的控制,但有些只有一個。不論有多少控制區域,位於基因組何處,這種分子機制的運作精準、優雅又充滿謎團。

　　新型顯微鏡能讓我們看見 DNA 分子本身,也能讓我們看到基因開啟或關閉後發生的事情。

　　要讓某個基因活躍起來,需要先讓分子鬆開。基因組中不活躍的區域往往緊緊纏繞起來,和其他的小分子裹在一起,才好擠在細胞核中。這些區域是關閉的,缺乏活動。基因組的某個區域要活躍起來之前必須先鬆開,才能準備好製造蛋白質。

　　這些都只是在打開或關閉基因這個複雜的過程中開頭的幾個步驟而已。要讓某個基因活躍,基因的開端必須先要接觸到其他分子,然後連接到基因附近的區域。在音速小子基因這個例子中,開關需要從很遠的距離之外折回來,才能啟動基因。為了要打開基因,以下這些步驟全都需要進行:基因組鬆開、讓基因和控制區域露出來,各種分子連接上去,然後製造出蛋白質。每個細胞中的每個蛋白質都是這樣製造出來的。

　　兩公尺長的 DNA 必須要捲曲得比針尖還要小。想像一下那個畫面，DNA 在微秒內開啟與關閉，接著扭曲翻動，讓每秒有數千個基因活躍。從受精開始延續到我們的成年，我們的基因就一直這樣開開關關。我們最初都只是一個細胞，隨著時間演進，細胞開始複製，有些基因活動起來，控制細胞的行為，形成身體中的組織與器官。當我寫這本書、你閱讀這本書時，身體四兆個細胞中有基因正在開啟。DNA 具備了相當於許多超級電腦的計算能力。在那些指令下，兩萬個基因中的少數利用了散布在基因組各處的控制區域，打造出身體並維持身體的運作，在蠕蟲、果蠅和人類體內都是如此。這個極度複雜與變化迅速的機制發生了改變，是地球上每個生物的演化基礎。人類的 DNA 如同雜技大師，總是在捲曲、鬆開、摺疊中，指揮著發育和演化的進行。

———

　　這門新科學道出了四十年前金恩找出人類和黑猩猩之間蛋白質差異所做的努力。她和威爾森預見到一傳開關的重要性，並且寫在 1975 年發表的論文標題上：〈人類與黑猩猩演化的兩個階層〉（"Evolution at Two Levels in Humans and Chimpanzees"）。其中一個階層位於基因中，另一個階層位於控制基因在何時何處啟動的機制上。人類和黑猩猩的主要差異並不存在於基因和蛋白質上，而存在於控制基因與蛋白質在發育過程中如何發揮功能的開關上。這樣看來，人類、黑猩猩之間，或是蠕蟲和魚類之間，表面上差異很大，但在遺傳的層級上差異就小多了。如果一個蛋白質能夠控制發育過程的時機或模式，那麼這個蛋白質活動的時機或是區域改變了，對於成體的影響就會很顯著。

改變控制基因活性的開關，能以無數方式影響胚胎與演化。舉例來說，如果控制腦部發育的蛋白質開啟的時間比較長，或是在不同的部位開啟，那麼就可能產生更大、更複雜的腦。基因活性的變化能產生新類型的細胞、組織，以及身體，這是接下來要說明的。

4
美麗的怪物
Beautiful Monsters

　　怪物這種東西在自然的研究中引起許多推測。在達爾文之前的時代，「怪物」這個詞有近乎嚴格的意義。自然哲學家和解剖學家把雙頭羊、多腳蛙和連體嬰等，分類到「怪物」這個類群。在 16 世紀，許多人認為這是因為受精過程中得到的「種子」太多，或是孕婦胡思亂想造成的。

　　到了 18 世紀，山繆爾‧湯馬斯‧馮‧索默林（Samuel Thomas von Sömmerring 1755~1830）認為，怪物是發育過程出現異常所造成的，而不是有其他神奇的原因。這讓新的科學領域誕生了，他說怪物出現是因為「生殖力量受到干擾」。在他 1791 年對於這個主題所發表的論文中，第一頁便描述了有兩個頭的人──在這些出生後依然活著的嬰兒中，有的是從脖子上長出兩個頭，有的是一個頭上有兩張臉。他的看法是，兩種狀況代表了在發育過程的不同階段受到了干擾。有兩個頭的受干擾的階段較早，有兩個臉的是在發育過程的較晚階段受到干擾。

　　幾十年後，聖希萊爾常常用到「怪物」這個詞，他認為怪物潛藏了從一種生物轉變成另一種生物的某種潛力。他跟隨拿破崙到埃及探險，發現了肺魚（見第八章），之後他花了很多時間想讓雞蛋突變，於是將各種不同的化學物質加入雞蛋中，試圖干擾其發育過程。他相信，如果把正確的化學組合成分加入正在發育的胚胎中，就可以把一種生物改造成另一種。之前提到過，雞蛋在正常發育的初期階段會出現魚的模樣，因此聖希萊爾花了幾十年時間想讓雞蛋孵出魚來。結果他的嘗試失敗了，但是他的兒子伊索德（Isidore）繼承衣缽，寫了三大本討論動物先天性畸型的專著，到現在依然實用。伊索德發展出對於先天性畸型的分類方式，將它們分門別類，指出哪些器官發生異常，並且判定畸型造成的影響。舉例來說，他研究了連體嬰，並根據共用的器官多寡以及身體結構有多少混和在一起而分類。這些工作讓後來的科學家研究畸型時有了基礎，會用生物機制來加以解釋，而不是歸諸於超自然力量。

　　《物種源始》出版之後，達爾文改造了發育畸型的研究領域。對達爾文來說，如果演化的發動機是天擇，那麼個體間的差異便是發動機的燃料。如果一個物種中的個體特徵在外貌上或是功能上有所不同，而且有些特徵能夠增加該個體在特定環境中生存的機會，那麼隨著時間推移，這些生物和特徵應該都會增加。演化的基礎在於個體之間有變異，如果一個族群中所有個體都長得一模一樣，由天擇造成的演化將不會發生。個體差異是天擇演化的基本原料，變異越多，演化進行得越快。唯有許多變異，包括「怪物」所具備的變異，才能讓天擇在長時間的作用下造成重大改變。

在達爾文之後另一個研究變異的傑出科學家是威廉・貝特森（William Bateson，1861~1926）。貝特森和達爾文一樣，生來就熱愛自然，小的時候被問到將來要做什麼，他回答要成為博物學家，如果沒有那麼厲害的話就當醫生。貝特森 1878 年進入劍橋大學就讀時，是個缺乏幹勁的學生，但是達爾文的《物種源始》對年輕的貝特森造成了深遠的影響。他變得精力充沛，想要瞭解天擇是如何運作的。對他來說，答案在於瞭解物種變異的方式：什麼機制讓一個生物看起來和另一個生物不同？他讀了研究豌豆發現遺傳定律的孟德爾的著作，有如得到天啟一般：代代相傳的變異是演化的基本要素。他把孟德爾的著作翻譯成英文，並且發明了一個英文字 genetics（遺傳學）來說明這個過程，這個字的字源是希臘文的 genesis，意思是「起源」。

貝斯特一如他之前的聖希萊爾，想要把物種和個體之間的差異加以區分出來，不過貝斯特有一項優勢，那就是當時遺傳學逐漸壯大，他從中得到了新的概念，尋找的是個體之間差異如何影響演化的方式。

貝斯特在這項研究上花了十年的時間，於 1894 年發表巨著《變異研究資料》（Materials for the Study of Variation）。這本書像是一本地圖書，指示出生物彼此差異的方式、變異產生的基本規則，以及演化的途徑。他盡可能地研究各個物種，並描述了兩類不同的變異模式。一類是器官的大小與等級不同，這些差異可以由小排列到大。舉例來說，在小鼠族群中，每隻小鼠的四肢、尾巴或是其他的器官大小都不同，這種變異很容易就可以透過測量長度、寬度和體積來分辨。另一種變異就比較明顯：某些結構的有無。海明威的多趾貓就是個例子。正常的個體有五趾，多趾症的有六個或是更多。那些貓和正常的貓比較起來，是趾頭數目不同，而非趾頭長度的不同。這種程度的變異不牽涉到大小與等級。

　　研究那些器官多出來的生物成為貝斯特的熱情所在。他著迷於自然界出現的異類：多出來的器官，或是長錯位置的器官，像是：觸角位置長出腳的蜜蜂、多出肋骨的人類，或是多了乳頭的男性。在這些案例中，器官就像是剪下來接到了身體的其他地方——也就是發育良好的器官能整個複製或移動到身體的其他地方。這些怪物體內有個祕密，瞭解這個祕密或許就能揭露出打造身體與演化方式的共通規則。

　　16 世紀之後，自然哲學家已經改變了對怪物的看法，知道怪物反映了生物世界的一些基本要素。現在他們需要的是正確的怪物，以及瞭解這種怪物的科學工具。

果蠅

　　生物學歷史中最偉大的決定之一，是湯瑪斯・杭特・摩根

（Thomas Hunt Morgan，1866~1945）決定要研究果蠅。摩根
的科學研究生涯剛開始時，曾經研究藤壺、蠕蟲和蛙類，他覺
得從這些動物的細胞和胚胎中，能夠瞭解人類的生物特性。他
之所以選擇這些物種，並不是出於什麼神祕的理由，或是隨便
挑選的。他注意到當小型水生動物失去身體的一部分後，能夠
把它重新長回來。舉例來說，渦蟲就是身體再生界的冠軍，把
牠切成兩半，結果兩半都能長成完整的個體。許多生物包括蠕
蟲、魚類和兩生類在內，在受到創傷後都能完全復原。人類對
此只能忌妒，因為在演化路途的某個地方，哺乳類動物失去了
這個能力。

　　摩根踏入科學界時，許多我們現在認為理所當然的事情，
都還完全沒人知曉。捷克修道士孟德爾發現生物特徵能夠代代
相傳，但實際上代代遺傳的是什麼，卻還是個謎。人們可以
觀察到細胞，但完全不知道染色體參與了這個過程，更別提
DNA 了。

　　摩根的科學見解所具備的含意，在於我們對生命的思維方
式從根本開始改變了，其中的道理是現今所有生物醫學研究的
支柱：從蠕蟲到海星，各式各樣的動物都能提供瞭解人類生物
機制的見解。他的研究工作背後沒有明講出來的，是認知到地
球上所有生物都有極為密切的關聯。

　　摩根在進行多年的再生實驗後，把相關內容寫成《再生》
（Regeneration）這本很有影響力的書，於 1901 年出版。當時
他瞭解到，這些工具無法讓他得到重大進展，因此開始尋找新

的研究計畫。從再生到身體結構，其中的關鍵是遺傳學，亦即
把資訊從一代傳到下一代的方式。瞭解驅動遺傳的力量，可
能就是解開許多生物學之謎的鑰匙。摩根確信要瞭解遺傳學，
就得要找到一種能快速繁殖與生長的動物，這種動物要小，能
在實驗室養很多。他理想中的這個物種所具備的染色體，要用
顯微鏡就能觀察到，因為當時人們認為遺傳物質就位於染色體
中，只是還沒實證而已。符合這條件的物種很多，但並不包括
他最想瞭解的生物——人類。

　　當時摩根還不知道，有位昆蟲分類學家也在進行相似的任
務，只不過他是從問題的另一面開始著手。加州大學柏克萊分
校的查爾斯・伍德沃斯（Charles W. Woodworth，1865~1940）
畢生事業是揭露昆蟲複雜難解的身體構造，他也有對果蠅和其
他昆蟲分類的眼光，這使得他成為果蠅生物學的專家。他認為
黃果蠅（*Drosophila melanogaster*）有成為實驗模式動物的潛力。
在 1900 年代初期（確實的日期不明），他找上了哈佛大學的
生物學家威廉・卡斯特（William E. Castle，1867~1962），建
議做一些果蠅實驗。

　　卡斯特和貝特森一樣，想要瞭解遺傳與變異的機制。當時
卡斯特研究的是天竺鼠，想要瞭解牠們的毛色和花紋代代相傳
的方式。不過研究天竺鼠讓人很沮喪，因為雌鼠一胎最多產下
八隻小鼠，懷孕期長達兩個月，如果要研究牠們的遺傳，卡斯
特得等上好幾個月才能讓天竺鼠繁殖得夠多代而且數量夠多。
伍德沃斯建議他改去研究果蠅，這主意的確很有吸引力：果蠅

平均壽命約為四十到五十天，在這段期間當中，一隻雌果蠅能夠產下數千個胚胎。卡斯特瞭解到他如果使用果蠅做實驗，在一個月內所進行的遺傳實驗，要超過用天竺鼠做好幾年的。

　　卡斯特轉而研究果蠅，並且建立了研究和培育果蠅的方法。他在 1903 年發表的果蠅研究論文，比起研究內容，更值得紀念的是對於生物學界的影響。包括摩根在內的其他科學家，都見識到研究果蠅的美麗與強大之處。

　　從外表上，看不出果蠅能造成突破性的大發現。牠們的身體約三毫米長，靠吃腐爛的水果維生。大部分的人在垃圾場看到這些不咬人的小飛蠅，只會厭煩地揮走牠們。不過，讓牠們成為害蟲的本領，也讓牠們在科學界大展身手。

　　摩根的研究跟隨著研究怪物的傳統，也就是找尋突變個體並且加以分析。要瞭解正常基因的功能，突變個體是關鍵。沒有眼睛的突變個體，代表有些控制眼睛形成的基因失去功用了。突變個體像是指標，可以用來找出參與不同器官發育過程的基因。由於突變個體很少，摩根需要繁殖幾千隻果蠅才能挑到一個突變個體。他和研究團隊養了數百窩果蠅，用顯微鏡觀察每一隻，好找出任何畸型的狀況。

　　大部分的人都不曉得，顯微鏡下的果蠅身體既美麗又複雜。在中等放大倍率下，能看到從每個體節長出的棘刺與附肢。摩根團隊後來對這些複雜的構造非常熟知，所以只要其中有了變化，不論是多小，都會成為分析新突變的材料。他們花了非常多時間彎腰觀看顯微鏡，找尋具有不尋常特徵的果蠅，

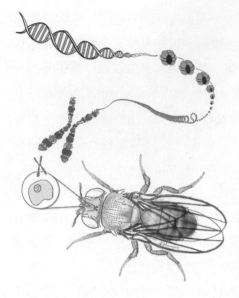

基因位於 DNA 片段中，DNA
會彎曲並且緊密摺疊成為染色
體。染色體位於細胞核中，請
注意染色體上的條紋。

可能是翅膀的形狀不同，或是新奇的條紋，或是附肢有變化。

　　我們現在知道基因訊息儲存在 DNA 的序列上，DNA 會
纏緊形成染色體，而染色體就位於細胞核中。在適當的狀況
下，可以透過顯微鏡觀察到染色體。摩根不知道 DNA 的存在，
但是他看得到染色體，並藉由染色體瞭解基因。

　　摩根設計了幾種精巧的方式，把突變個體的結構和遺傳物
質聯繫起來。他的研究團隊發現果蠅的唾腺中有巨大的染色
體。把唾腺取出後，用提煉自野生地衣的紅色染料染色，就可
以讓染色體呈現出黑白相間的條紋，有的比較粗，有的比較
細。摩根繪製出正常果蠅和突變果蠅染色體的條紋圖譜，藉由
比較條紋的差異，找出兩者染色體的不同之處，基本上就是找

到了讓突變出現的遺傳變化。

　　果蠅的飼料是腐爛的香蕉，所以摩根的實驗室瀰漫著垃圾場的味道。在那裡工作，需要花好幾個小時看顯微鏡。在這種狀況下，成功留在摩根團隊中的人，需要有特別的人格特質——能放下所有一切，專注在果蠅的身體、染色體和突變上，只為能回答生命體最大的問題：訊息怎麼從上一代傳到下一代。

　　摩根在哥倫比亞大學的實驗室剛開始很狹小，果蠅的存放、繁殖以及使用顯微鏡分析全都在裡面。這裡以「果蠅房」的稱呼聞名，房主摩根是 20 世紀初最著名的生物學家，因此吸引了些非常優秀與聰明的人到這座實驗室來。在哥倫比亞大

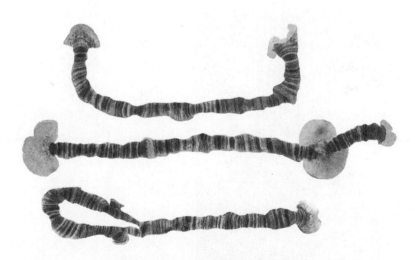

搖蚊（*Chieronomus prope pulcher*）的染色體，具有黑白條紋。

學待了十四年之後，1928 年他把整個實驗室搬到加州理工學院，在 1933 年得到了諾貝爾獎。

　　摩根早期的學生卡爾文・布里奇斯（Calvin Bridges，1889~1938）研究果蠅的功力非凡，他不只有能夠分辨突變個體的敏銳眼睛，還有坐上幾小時分辨出突變果蠅的耐心。布里奇斯能夠區分出他人看不出來的細微差異，也改進了研究果蠅的技術。當他的眼光從雙筒顯微鏡移開，望向更大的範圍時，他發現果蠅也可以用洋菜飼養，這對於實驗室來說是項重要的改革，果蠅房再也沒有腐爛的香蕉味了。

　　布里奇斯的頭髮似乎能夠違抗物理定律，豎立起來。他是個停不下來的人，不是在實驗室中工作好幾個小時，就是消失

布里奇斯的髮型。

很長一段時間。有次回到實驗室時，他帶著一張他自己設計的新型汽車圖。有謠言說他有很多風流韻事，而且摩根不喜歡他這樣的私生活。這些蜚短流長讓他在加州理工學院難以晉升。他去世時才四十多歲，實驗室傳聞他是被某個情人的配偶給殺死的。實際狀況很哀傷。最近我的一位遺傳學家同事，請他擔任洛杉磯地檢署檢察官的哥哥，找出布里奇斯的死亡證明，結果發現他死於梅毒的併發症。

　　面對外界，實驗室對於布里奇斯的個人行為完全保持沉默。不過，由於他對摩根的研究貢獻良多，英年早逝後，摩根把諾貝爾獎金分給他的家人。

　　雖然布里奇斯最為人稱道之處在於能找出突變果蠅上細微的差異，例如顏色、翅膀形狀，或是短毛樣式的不同，但他最著名的發現卻很容易就能看出來，即使普通的業餘者也很難錯失這種差異。那個突變稱為「雙胸」（Bithorax），顧名思義，就是胸節（thoracic segment）數增加了。正常的果蠅有兩個胸節與兩對翅膀，雙胸果蠅卻有四個胸節，長在胸節上的翅膀也因此倍增。

　　布里奇斯畫下這隻果蠅的身體，並且描述構造，接著做了遺傳學家在發現突變個體後會做的事：培養這隻果蠅的後代，在加州理工學院的果蠅實驗室中代代相傳，好讓這種突變種可以永遠傳遞下去。

　　布里奇斯想要找出造成這種改變的染色體部位。他利用摩根染色唾腺染色體的技術，找到了兩對翅膀果蠅的染色體條紋

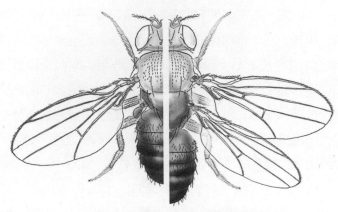

左邊是正常果蠅，右邊是雙胸果蠅。

和正常果蠅的不同之處。雙胸突變種會出現，是因為染色體有
一大片區域改變了。

　　摩根與布里奇斯想要瞭解果蠅某一特徵出現的原因，這舉
動開啟了一個充滿挑戰與機會的世界。他們和其他人指出，果
蠅的許多特徵是可以遺傳的。有些生物物質能從一代傳到另一
代，讓胚胎在發育時翅膀長在身體的正確部位。布里奇斯找到
的突變果蠅更進一步顯示出，這種物質就位於果蠅的某一段染
色體上。但是這段打造果蠅身體的成分是什麼？它如何辦到這
樣神奇的事？這能讓我們知道身體如何形成，以及在數億年來
是如何演化的嗎？

成串排列

愛德華・路易斯（Edward Lewis，1918~2004）對於果蠅的熱情，始於雜誌上的廣告。他出生於賓州的威爾克斯－巴里（Wilkes-Barre），生來好奇心旺盛，老是泡在當地的圖書館中。某天，他在圖書館中看到了徵求果蠅的廣告，便把廣告帶到高中的生物社團給同好們看。這個社團養了一窩果蠅，路易斯開始研究他們。

1939 年，布里奇斯去世一年後，路易斯進入加州理工學院，學習了果蠅房率先發展出的遺傳學工具。他是個不多話的人，白天的作息非常固定——清早在實驗室工作，上午八點去運動，接著獨自工作；中午在加州理工學院著名的教職員會館「雅典娜神廟」（Athenaeum）吃午餐，之後再次工作，並且吹奏心愛的長笛，直到吃晚餐時間。他和布里奇斯一樣，天生就能坐在顯微鏡前長時間地觀察果蠅。據說他最喜歡的時間，是晚餐後安靜的實驗室。對路易斯來說，找尋果蠅突變並且加以繁殖的工作，是某種形式的冥想。

存放果蠅的房間，是之前布里奇斯大幅改進技術的地方，當時依然在使用，著名的雙胸突變果蠅也住在那裡。在開始研究之前，路易斯就知道雙胸突變果蠅，也知道這種果蠅的身體結構。由於布里奇斯的畫指出了雙胸突變的部分位於染色體的數個條紋之間，因此路易斯認為，在那個區域中可能不只一個基因參與了發育過程。

路易斯在客廳中吹長笛，後面是他的朋友。

　　為了找出讓翅膀多出來的遺傳物質，路易斯設計了一個新奇、但花時間的方式研究雙胸突變果蠅。在這個研究上他耗費了幾十年的時間，以致在投入研究雙胸突變果蠅的前十年，一篇科學論文都沒有發表。後來他在 1978 年發表了六頁篇幅的論文，卻帶來了重大革命。這篇論文艱澀難懂，要讀許多次才能夠完全瞭解，因為裡面塞滿了多年來路易斯靜靜研究果蠅所得到的見解。

　　路易斯發展出一種強大的新技術，能夠在移除果蠅染色體一大片區域後，持續讓果蠅發育，看看缺了這大段區域會對發育造成什麼影響。接著，他把這大段區域一點一點地加回去，觀察這樣做對身體結構造成的影響。這種方式讓他能夠確定出，染色體中的哪些片段單獨就能發揮作用。

　　這種方式讓我想到一種幾度流行又退燒的「潔淨飲食法」（cleanse）。執行這種飲食法的人一開時要斷食幾天，然後依序把不同種類的食物加回飲食當中，並且加以組合。舉例來說，在完全不進食之後，先是吃乳類製品幾天，觀察蛋、牛奶和乳酪對於精力和心情的影響。之後再次斷食幾天，接著嘗試不同的食物組合，看看這些食物（例如乳製品和深色葉菜類）的交互作用會帶來什麼影響。路易斯做的事情和潔淨飲食的手法相同，只不過處理的對象是雙胸突變果蠅中大塊染色體片段。他先是把整個片段都去除，讓果蠅發育並且記錄結果。然後在不同的胚胎中，把這大片區域中的小片段各自加回去，或是以不同的組合加回去，留意這些果蠅發育為成體的過程。

　　路易斯的遺傳剪貼實驗顯示，雙胸突變不只由一個基因造成，而是由一群多個基因所造成。這些基因在染色體上前後排列，像是項鍊上的珍珠。他指出這些基因共同運作，打造出胚胎，每個基因都有各自的功能。不過，這還不是最驚人的發現。

　　果蠅的身體從頭到尾，由體的結構包括了頭部、胸部與腹部。每個體節都有附肢；其中頭部有觸角與口器，胸部有翅膀和腿，[1] 棘刺則在腹部。路易斯發現，在雙胸果蠅突變的區域中，每個染色體分別控制了果蠅身體的不同體節。一個基因讓

---

1. 譯注：原文有誤，昆蟲的腳應該在胸部，見 132 頁的圖。

觸角長在頭部，另一個基因讓翅膀長在胸部，還有一個基因讓棘刺長在腹部。這些基因讓身體具備了基本結構，而果蠅從頭到尾的所有組織架構全都編碼在遺傳中。還有讓眾人驚訝的事——身體結構也反映在這些基因在染色體中的位置上。在頭部活躍的基因位在一端，在腹部活躍的基因位於另一端，而在胸部活躍的位於中間。身體的結構就反映在基因的活性和結構上。

路易斯的發現讓人振奮，但其中許多內容可能只和果蠅的生物特性有關。舉例來說，果蠅的身體分節方式與魚類、小鼠和人類截然不同。果蠅沒有脊椎、脊髓，以及人類身體中所具備的其他結構。至於魚類、小鼠和人類則沒有觸角、翅膀和剛毛。

更大的不同在於果蠅發育的方式。在發育的過程中，大部分的動物有許多不同的細胞，每個細胞中都有細胞核。然而，果蠅的胚胎像是一個細胞中有許多細胞核，就好似一大袋遺傳物質。在研究動物一般的發育和演化過程時，你無法想像會有比果蠅更怪的了。

怪物混合物

1978 年，路易斯的雙胸果蠅突變論文發表之時，生物學界正在進行一場技術革命。在摩根的時代，基因像是黑箱，他和研究團隊能夠拼湊出基因對於身體的影響以及基因在染色體中的位置，但實際上完全不瞭解基因運作的方式，更別說知道基因位於 DNA 上。

　　到了 1980 年代，在路易斯的論文發表數年後，生物學家已能定出基因的序列，也知道體內基因會活躍而製造出蛋白質的部位。當時在已故的瑞士生物學家華爾特・葛林（Walter Gehring，1939~2014）的實驗室中，麥克・李文（Mike Levine）與比爾・麥金尼斯（Bill McGinnis）得到了一個突變果蠅，牠的頭原本該長出觸角的部位長出了一隻腳。除了那隻腳之外，頭部其他部分都正常。這就像是布里奇斯那個多出翅膀的突變果蠅，或是貝特森的剪貼變異個體，這個突變果蠅身體的部位換位置了，在頭部這個體節有了缺陷。

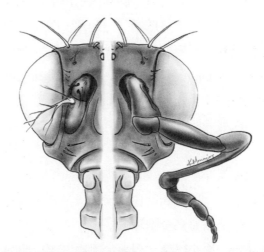

左邊是正常的果蠅，右邊的稱為觸角足突變（*Antennapedia*），因為原本長觸角的位置長出了一條腳。

　　李文與麥金尼斯利用布里奇斯想像不到的 DNA 技術，找出了造成這個突變的基因。接著又製造了一段特殊的 DNA，找出在發育過程中有這個基因活躍的部位。還記得基因活躍時會製造蛋白質嗎？為了製造蛋白質，基因要先利用另一種分子 RNA 作為中介。要找出基因打開的部位，你需要找出相關 RNA 製造的部位。這兩位科學家把能夠找出這種 RNA 的分子接上染料分子，只要哪裡有那個 RNA，就可以知道它們出現的部位。把這種特殊的化合物注射到正在發育的果蠅胚胎裡，染料可以協助辨認有這基因開啟的部位，而且用顯微鏡就可以看到染料。

　　造成觸角足突變（*Antennapedia*）的基因，在正常狀況下只在頭部活躍。除此之外，該基因也控制了頭部一些器官的形成——在正常果蠅中這個器官是觸角，在突變果蠅中則是腳。如果這個情況聽起來似曾相識，是因為類似多年前路易斯研究雙胸突變果蠅的狀況；他看到一些基因排列在染色體上，每個基因分別控制某個體節與該體節的器官發育。這個頭部基因可能是接下來發現的先兆：有一群基因控制了果蠅每個體節的發育變化。

　　實驗結果讓李文去閱讀路易斯在 1978 年發表的論文，之後他有很長的一段時間反覆閱讀這篇論文，超過五十次，不過他說：「還是沒有完全讀懂。」

　　路易斯的論文讓李文與麥金尼斯去求證他的主要預測：在染色體中類似的基因應該排列在一起。他們找到了其中一個基因，便開始在附近搜尋，看看是否有其他類似的基因。他們使用的方法很殘酷：把果蠅的身體搗成糊狀，萃取出其中的DNA，接著將DNA混合物置入洋菜膠中，然後把那個基因接上染料分子。這個技術背後的概念是，該基因就如同黏蠅紙，會黏住序列類似的其他基因，他們可以透過染料去找出這些基因，並且分離出來。

結果非常明顯：基因組中有許多類似的基因。李文與麥金尼斯定出這些基因的序列，發現那些被染色的基因中全都有一小段DNA；該段DNA的序列在各個基因中幾乎完全相同。還有另一件驚人的巧合：印第安納大學的馬特‧史考特（Matt Scott）也獨立發現了相同的現象。

現在科學家知道這些基因的序列，能夠用利用相同的技術，大規模地搜索這些基因在果蠅發育時期活躍的部位，以及在染色體中的位置。全世界各地的研究人員利用當初找出頭一個這類基因的方式，發現了出乎意料之外的漂亮結果：這些基因在染色體上依序排列，每個都在果蠅的不同體節中活躍。

在這股實驗風潮狂熱期間，某次李文和其他實驗室的科學家聊天時，這個科學家談到果蠅不是唯一有體節的動物，蚯蚓的身體基本上也是體節前後排列而成，怎麼不也研究看看，牠們可能因體節不同也有不同的基因。

這段隨口說說的話，讓李文與麥金尼斯跑到實驗室建築後面的花園，去收集那些令人發毛的爬動生物，像是蚯蚓、昆蟲或是果蠅之類的。他們萃取這些動物的DNA，檢驗看看基因

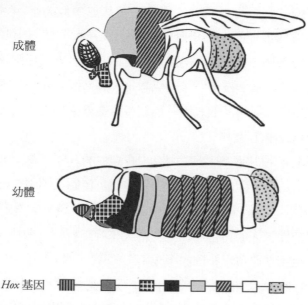

成體

幼體

Hox 基因

Hox 成串排列在染色體上，會在果蠅和小鼠的體節中的活動。

是否具有那個幾乎相同的序列。牠們的確都有。李文與麥金尼斯並沒有就此停下腳步，後續的研究發現蛙類、小鼠和人類都有這樣的序列。

　　後續對於線蟲、果蠅、魚類和小鼠的研究，揭露了動物身體的共通事實。果蠅打造身體的基因的不同版本，遍及所有生物身上，下到線蟲，上到人類。這些基因都如串珠般依序排列在染色體上。每個基因看來都會在特定的體節中活躍，例如頭部、胸部和腹部。除此之外，如同路易斯一開始所指出的，這些基因在染色體上的位置，都符合體節從頭到尾的排列順序。

　　將近四十年前，這些說明基因在染色體上成串排列的論文，點燃了我研究遺傳學和分子生物學的熱情。

　　1995 年，諾貝爾獎委員會認為路易斯開闢了生物學中的新領域而頒獎給他，在接受這個獎時，他還是維持一貫的謹慎，在演講時說到這獎項完全比不上他最初的熱愛：「果蠅和科學研究。」

　　節肢動物、果蠅和蠕蟲這類動物所擁有的體節數量不同，每個體節上長出的附肢也不一樣。龍蝦的觸角長在頭部，後面跟著巨大的螯、小的爪和腿部。這些附肢全從身上的同一個體節長出來。蜈蚣每個體節都長出相同的腳。果蠅能夠飛行，在某些體節上長出翅膀而不是腳。人類身體中有脊椎骨、肋骨和四肢。科學家利用這些基因，現在能夠開始研究動物身體基本架構的發育和演化方式。

　　布里奇斯找出了造成翅膀多長一組出來的染色體區域。路易斯發現這個區域中有許多基因，每個基因會在身體的某個特定部位活躍。李文、麥金尼斯與史考特指出，這些基因在很久以前就存在於所有的動物中了。新一代科學家現在受到鼓勵，開始去瞭解這些基因的運作方式。

剪貼工作

　　我的小孩在麻州鱈魚角海岸玩耍時，往往會在沙中發現類似小蝦的生物。小孩會戳戳牠們，看看有什麼反應，之後為牠們取了「跳跳」這個暱稱。這種動物的俗名是沙蚤（sand flea），長約一公分多，身體透明，通常會在沙灘中挖洞，然後躲在裡面。沙蚤受到刺激時，身體會收縮跳起幾十公分的高度。我們在這片沙灘上見到的，只是八千種沙蚤中的一種，牠們全都有靈活的運動能力，可用游泳、挖洞或是跳躍的方式移動。之所以能這樣，是因為牠們的腳就像瑞士刀那樣有許多形式：有的大、有的小、有的朝向頭部、有的背向頭部。牠們在學術上的名稱是端足目（amphipod），這個詞的字源是希臘文，*amphi* 的意思是兩端，*pod* 的意思是腳。也就是說，牠們有朝向頭部與背向頭部的腳。

　　生物學家尼帕姆・帕特爾（Nipam Patel）在 1995 年建立了自己的獨立實驗室，想要找出一種特別適合研究基因打造身體方式的動物。端足動物由於有許多不同種類的腳，因此他認為這類動物應該可以用來好好研究路易斯所發現的那些基因。他花了數年研讀 19 世紀的德國論文，試圖找出特別適合帶到實驗室中研究的端足動物。19 世紀是解剖學繪圖與描述的巔峰時代，圖書館中有許多房間放滿了不同類群動物的圖畫與描述文字。有了這些描述文字和石版畫，帕特爾設想出一個計畫，能完全符合自己長久以來的興趣。

　　造訪帕特爾在芝加哥的家，會看到客廳中央有一個巨大的鹹水水族箱。他是個業餘的水族狂，在處理家用水族箱的濾水系統時得到的經驗，讓他想出了一個點子。讓整個水族箱系統保持清潔，一直是個難題，特別是要避免那些小型無脊椎動物進入過濾器並且在裡面生長。他無法不注意到，在那些淤泥中有某些小型無脊椎動物挖洞住在裡面，顯然牠們喜歡富含營養的顆粒流到過濾器來，就把過濾器當成舒適安穩的家了。

　　這讓帕特爾有了個想法。既然小動物喜歡他的小過濾器，那麼芝加哥謝德水族館（Shedd Aquarium）那口巨大的海水水族箱，裡面過濾器的淤泥當中一定有大量不同的小動物。那個水族箱中有鯊魚、魟魚，以及其他五十種大型魚類，有的時候人類解說員還會穿上水肺潛入箱中。帕特爾找個研究生拎了個桶子，去看看能在過濾系統中發現什麼動物。他認為在那些淤泥中有各種生氣蓬勃小動物住著，能用在他的實驗室中。

　　謝德水族館的過濾器簡直就是小型無脊椎動物的樂園。帕特爾的學生花了好幾天刮過濾器，用顯微鏡找尋住在裡面的小動物，其中有種端足動物叫做明鉤蝦（Parhyale），特別適合用來做研究。這種動物體型小，繁殖速度快，一下子就能變成成體。牠也有很多種附肢，看起來是完美的實驗動物。帕特爾在實驗室中培養這些明鉤蝦，並且用來進行實驗。摩根利用果蠅瞭解遺傳機制，帕特爾決定使用端足動物來研究基因打造身體的方式。

　　帕特爾從芝加哥謝德水族館得到了明鉤蝦之後不久，就轉職到加州大學柏克萊分校，建立了以這種動物為核心的研究計畫。對帕特爾和明鉤蝦來說，到柏克萊都是幸運的一步，因為那裡有發現基因剪輯新技術 CRISPR- Cas 的科學家珍妮佛・杜德納（Jennifer Doudna）。這種技術讓科學家能夠利用兩種工具處理基因組中的目標，一種是能切斷 DNA 的分子刀片，另一種是把刀片引導到正確位置的分子。2013 年，杜德納和世界各地的同事已經證明，不同物種的 DNA 都能被精確地切斷與編輯。他們使用 CRISPR 刀片把基因從基因組中切下來。接著，培養經過處理的胚胎，科學家就可以知道移除某個基因會造成什麼效果。更複雜的實驗則會把基因的序列加以置換或是編輯。

這種技術的威力讓帕特爾有個點子：如果編輯明鉤蝦的基因，讓某個體節中的遺傳活動與另一個體節相同，會發生什麼狀況？可以把肢體挪動到身體各處嗎？

明鉤蝦的身體縱軸左右兩邊都會長出肢體，每個體節上長出的附肢各不相同。頭部前端的體節會長出觸角，後續的體節則長出口器（你可以把口器稱為附肢，因為這些口器是從體節上生長出來的）。胸部的附肢比較大，有些朝前、有些朝後。腹部也有小附肢，每個腹部體節上的附肢像是刷毛。最後體節的附肢粗短而堅硬。

在路易斯發現的基因中，有六個會在明鉤蝦的體軸發育期間活躍。明鉤蝦如同果蠅，不同的體節可以由所長出的附肢來確定，由這些附肢也可以知道在發育過程中哪個基因在這個體節中活躍。如果改變這個體節中的基因活動模式，例如讓胸部的體節中有腹部體節基因在其中活躍，將會怎樣呢？會改變那個體節出現的附肢種類嗎？帕特爾利用柏克萊同事發展出來的基因編輯技術，一個接著一個地關閉基因。

帕特爾實驗的優雅之處就在於讓細節浮現出來。路易斯發現的基因中，有 *Ubx*、*abd-A* 和 *Abd-B* 這三個會在明鉤蝦發育期間於尾端活躍。這些基因會在身體中四個區域活躍：在頭部只有 *Ubx* 活躍，另一個體節是 *abd-A* 與 *Abd-B* 活躍，有一個只有 *Abd-B* 活躍。你可以想成這些體節每個都有特殊的遺傳地址，決定了哪些基因會活躍。基因活躍的模式與該體節長出的附肢有關。如果只有 *Ubx* 活躍，就會長出的背對頭部的肢體。如果是 *Ubx* 與 *abd-A* 活躍，長出的是朝向頭部的肢體。如果是 *abd-A* 與 *Abd-B* 活躍，體節則會長出刷毛。如果只有 *Abd-B* 活躍，長出的是一根短硬毛。

帕特爾的計畫是刪除基因，如此來改變不同體節的遺傳地址。在改變每個體節中基因活躍的模式之後，會有什麼後果出現？

帕特爾刪除了 *abd-A*，讓之前有 *Ubx* 與 *abd-A* 活躍的體節，現在只剩下 *Ubx* 活躍了。當初有 *abd-A* 與 *Abd-B* 活躍的體節，現在則只有 *Abd-B* 了。這個改變造就出了一個漂亮的實驗怪物：本來會長出朝頭部的肢體的那體節上長出了背對頭部的肢體，本來長出刷毛的體節上長出了短硬毛。改變體節中基因活躍的模式，就改變了每個體節中所長出的附肢。

帕特爾發現，他可以經由改變遺傳地址，任意移動附肢在身體中長出的位置。他這樣做不是為了製造出怪物，只是模擬了自然界中的生物多樣性。

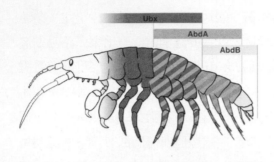

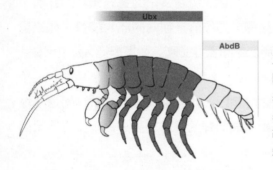

正常基因活躍模式（上
圖灰色區域）。刪除了
基因之後改變了體節中
基因活躍模式（下圖），
改變了體節長出附肢的
種類。

　　有種親緣關係接近端足動物叫做類群等足目（isopod）。
絕大多數人熟悉的等足目動物是鼠婦（pill bugs）。就如同等
足目這個名稱所指，牠們只有朝向頭部的腿，而端足目同時有
朝向頭部和背向頭部的腿。當帕特爾刪除了端足動物的 *abd-A*
基因，誕生出來的動物就像是等足目動物：只有朝向頭部的腿。
他複製了自然──等足目在正常的發育過程中，沒有 *abd-A* 活
躍。

　　這些基因的改變能夠解釋龍蝦和蜈蚣的差異。龍蝦長出大

螯的部位中基因活躍的組合方式，與長出腳的部位不同。至於
蜈蚣這樣的動物，每個體節長出的腳都一樣，其中活躍的基因
也相似。在昆蟲、蠕蟲和果蠅體內，這些基因形成了打造身體
的地圖。

身體中的怪物

明鉤蝦、龍蝦和果蠅只是這個故事的開端。蛙類、小鼠和
人類也各自擁有這些基因的版本。在人類和其他哺乳動物身
上，這些基因的名字不同，不是 *abd-A*、*Abd-B* 等等，而是被
稱為 *Hox* 基因，然後加上數字編號，例如 *Hox1*、*Hox2* 等。還
有其他的不同；在果蠅、蠕蟲和昆蟲身上，這些基因成串位於
一條染色體上。人類則有四組這種基因，分別位於四條不同的
染色體上。

在小鼠和人類身上，這些基因也是順著體軸活躍，一如果
蠅與明鉤蝦的，是在不同體節中活動。人類的體節表面不會長
出翅膀或附肢，人類有的是脊椎和肋骨。儘管有這些差異，問
題依舊是：人類身體發育的方式類似於明鉤蝦和果蠅的發育方
式嗎？如果發育期間這些基因的活動改變了，產生的突變會是
肋骨和脊椎的數量不同嗎？哺乳動物的脊椎組成架構幾乎很少
改變，脖子有七塊脊椎骨，胸椎則有十二個，每個都有一對肋
骨。然後是六個腰椎，最後接著薦椎（sacrum）和尾部。人類

沒有尾部，尾部脊椎融合之後形成了尾骨（coccyx）。

　　如同在果蠅和明鉤蝦中的狀況，人類不同的體節也有不同的基因活動地址。舉例來說，一種類似造成雙胸的基因組合造成了頸部，就算是另一個胸部。除此之外，胸椎和腰椎之間，以及腰椎和薦椎之間，基因的活動模式也不同。

　　基因活動模式的不同會造成什麼後果？讓小鼠產生突變種，要比讓果蠅或是明鉤蝦產生突變種困難多了，往往要花上好幾年，主要是因為小鼠每一代的時間比較長，而且有比較多

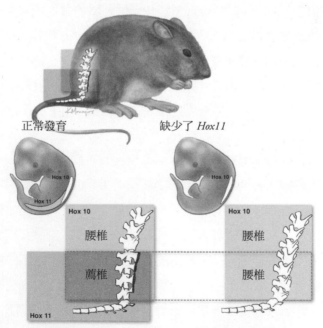

改變了 *Hox* 基因，一如所料，讓薦椎變成了胸椎。

基因的突變。不過結果卻讓等待值得。

　　拿腰椎和薦椎來說好了。形成腰椎的區域中，活動的基因是 *Hox10*，而在後面形成薦椎的區域有兩個基因活動，分別是 *Hox10* 與 Hox11。在去除 *Hox11* 的突變小鼠中，原本要長出薦椎的體節現在有了腰椎的基因活動模式，這些體節會出現什麼變化？結果是，小鼠整個薦椎都成了腰椎。

　　進一步的實驗指出，這樣改變能在其他不同的基因和不同的體節上出現。胸椎上連接著肋骨；但在刪除了基因之後，整個脊椎尾部具有了胸椎的基因活動模式，結果是小鼠身體直到尾部都有肋骨。一如帕特爾用明鉤蝦進行的實驗，改變了基因也會改變體節與其中發育的器官。

　　有人會說這些實驗製造了怪物，但其中隱藏了創造生物多樣性之美的機制。19 世紀對於生物的觀察、在果蠅房中的發現，加上當代的基因組生物學，全都結合在一起後，揭露了動物的身體內部構造之美。打造出果蠅、小鼠和人類身體的遺傳架構，是一個主題的各種變奏。從共通的材料箱中，製造出生命之樹上許多不同分支的物種。

再使用、再回收、再改變用法

　　路易斯發現的那些基因無所不在，讓科學家重新仔細研讀了那些遺忘已久的 19 世紀艱澀論文。1990 年代初期，貝特森等古典博物哲學家的觀察結果和概念，被納入了尖端的實驗當中。貝特森觀察到，有些最常見的變化，來自身體部位數量的改變，或是在不尋常的地方生長出來。後來的布里奇斯、路易斯與分子生物學家，追隨他在一個世紀前就開闢的道路。就如同在 19 世紀，那些怪物與突變，不論是在實驗室中製造出來，還是在自然的環境中發現，都是研究的核心。

我受的訓練是去研究世界上的化石、博物館的收藏，以及進行採集工作。但是有一個結果讓我以最快的速度去學習分子生物學。

世界各地的研究團隊在研究 Hox 基因於小鼠體內的活動時，發現了意料之外的狀況。小鼠的 Hox 基因不只沿著體軸控制脊椎骨和肋骨的發育，它們也在胚胎的不同器官裡面活動，包括頭部、四肢、腸胃道和生殖器官。就好像這些基因重新佈署，一如打造體節那樣，也在全身打造器官。這種基因活動的模式指出一種生物學中的剪貼利用方式：用來打造體軸的遺傳程序，也會被挪用來打造身體的其他構造。

1990 年代初期的許多實驗，揭露出這些基因在肢體發育過程中活躍的模式，類似於在體軸發育的過程，它們會在發育過程中不同的時間活躍，而在肢體不同部位的活躍模式也不同。所有肢體，從蛙類的腿到鯨魚的鰭，都有類似的骨骼架構。每個肢體基部的骨骼是肱骨（humerus），在肘部關節之後的是兩個並排的骨骼橈骨（radius）與尺骨（ulna），最後則是腕部與指頭。用翅膀飛行、用鰭游動、用手彈鋼琴，這些前肢的

大小、形狀和骨頭數量，會因為物種的差異而有所不同，但是
「一根骨頭、一對骨頭、一組小骨頭，再加上指骨」的模式，
始終沒有改變。這是構造的主軸，是各種具有肢體的動物都具
備的古老模式。

　　除此之外，這個結構上的三大區域（上臂、前臂與手），
各有相應的 *Hox* 基因群活躍。每個區域中基因活動的模式，
就如同果蠅、明鉤蝦和小鼠的軀體那樣。

　　現在研究人員可以問：改變肢體中這些不同部位的基因活
性模式，會帶來怎樣的變化？我們已經在明鉤蝦和小鼠的體軸
上看到，改變不同體節中的基因活躍模式，對於其中發育的器
官會造成預期的效應。

　　1990 年代，一個法國研究團隊製造了缺少 *Hox* 基因的小
鼠突變種，就如同帕特爾對明鉤蝦進行的實驗那樣。當他們把
在尾巴活躍的 *Hox* 基因刪除後，產生的小鼠缺少了尾巴。之
後他們對肢體進行了相同的實驗。製造尾巴的 *Hox* 基因也會
在肢體中活動，它們控制了肢體的末端，也就是手部和足部。
當這個法國團隊刪除了這些同樣會在肢體中活動的基因，養出
了一窩肢體上只有「一根骨頭，加上一對骨頭」的小鼠。這些
小鼠缺了手部。

　　我的職業生涯幾乎都在研究手和腳是怎樣從魚鰭轉變而來
的。我的同事和我花了六年時間研究化石紀錄，以找尋具有腕
骨和肱骨的魚。突然間，有證據指出某些基因是發育出手部所
必需的。

　　這個結果讓我的研究有了新的方向。除了收集化石之外，我瞭解到還必須要進行基因實驗。研究基因，讓我能夠探索新類型的問題：魚類有這些基因嗎？如果有，這些基因在魚鰭的發育上扮演什麼功能？這些打造手的基因能夠解釋魚鰭轉變為肢體的過程嗎？

　　你在市場上或是水族箱中見到的魚，甚至潛水時見到的魚，並沒有手指和腳趾。魚鰭末端大部分是扇狀的骨骼，之間則有蹼相連。魚鰭上的扇狀構造與指骨是不同的。指骨是從軟骨發展而來，而魚鰭的扇狀結構是直接從皮膚下面生長出來的。我們從化石紀錄可以得知，從魚鰭轉換到肢體中間出現了兩大改變：出現指頭，以及扇狀結構的消失。

　　由於法國團隊找到了形成手部與足部的必要基因，你可能會想這些基因是擁有肢體的動物所特有的，但是錯了，魚類也有這些基因。那麼，這些用來製造手部和足部的基因，在魚鰭當中發揮了什麼作用？

　　在我位於芝加哥的實驗室中，有兩位年輕的生物學家花了四年的時間研究這個問題。第一位是中村哲也（Tetsuya Nakamura），他複製了哺乳動物的實驗，但是實驗對象是有鰭的魚類。他勤奮地除去這些基因，但是缺乏這些基因的魚並不容易生長。要記得，這些基因在脊椎骨發育時也會發揮功用，所以那些發生突變的魚很難好好游泳。在三年當中，中村試圖打造突變魚類，並讓這些魚類繁殖，結果有了驚人的發現：如果基因組中沒有這些基因，突變的魚鰭上就不會有扇狀結構。

　　第二位年輕生物學家是我在 1983 年遇到的。當年,我的解剖學教授李・格爾克(Lee Gehrke)把他剛出生的兒子帶到一堂課上。那時我完全沒有想到過了二十年,那個小嬰兒安德魯・格爾克(Andrew Gehrke)會到我的實驗室來攻讀博士學位。格爾克和中村一樣,凌晨三點才會離開實驗室,幾乎都在晚上做實驗。加拿大有個實驗室指出,如果把小鼠的手部基因做上標記,追蹤這些基因發育時的狀況,幾乎有這些基因活躍的細胞最後都會出現在腕部和指頭。這沒什麼好驚訝的。令人

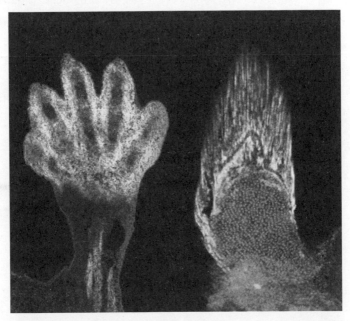

製造手部需要的基因活性,在魚鰭末端也出現了。顏色淡的區域代表有類似的 *Hox* 基因在發育過程中活躍。

　　驚訝的事情發生在魚鰭上。有天深夜格爾克追蹤了這些基因在魚鰭中的活動，並且拍了張照片，後來這張照片出現在《紐約時報》的刊頭上。理由很簡單，因為這張照片道出了一個重要的故事。（對人類和小鼠而言產生手部的重要基因，不只魚類也有，而且還製造出魚鰭骨架末端的骨骼——魚鰭的扇狀結構就長在這些骨骼上。）

　　魚鰭轉變成為肢體的過程中，各個方面都出現了利用方式轉換的狀況。魚類擁有打造手部和足部的基因，這些基因在魚類身上是用來打造魚鰭末端的骨骼，而果蠅等其他動物的這類基因打造的是身體末梢。生命中的重大改革並不需要發明整組全新的基因、器官或是生活方式。只要以新的方式利用舊的特徵，就能開啟後代全新的可能性。

　　把古代的基因加以改造、重新使用或是新選來用，帶來了大量的演化改變。身體中新的器官，並不需要全新的遺傳指令才能打造出來。將現存的基因以及這些基因的互動模式，拿出來加以修改，就能產生出新特徵。使用舊指令打造新特徵，出現在生命史的各階層中，就連新基因也是這樣造出來的。

5

抄襲者
Copycats

　　在 17、18 世紀，科學家對於動物身體結構的探索，就如同對於地球遙遠邊境的探索一樣讓人振奮。當時人類身體結構的基本特徵還沒被揭露，更遑論從世界各地收集來的各式各樣動物。山峰、河流，以及其他具有地理特徵的地區，往往以發現的人來命名，人體部位自然也不例外。這些名稱讓我們與史上首次研究身體這些構造的數百位偉大科學家產生了聯繫。在心臟中的電通道是巴克曼氏束（Bachmann's bundle），在眼睛中有包圍視神經的環狀纖維組織叫秦氏腱（annular tendon of Zinn）。當然也不會有人忘記亨氏肌群（Mobile Wad of Henry），聽起來像是對於前臂外側一群肌肉取的搞笑名稱。

　　把自己的名字安在發現部位名稱中的那些人，不只指出了身體的各個結構，也看到了大自然中深刻的模式。腦中就有兩個結構是以法國醫生菲力克斯・維克－達吉爾（Félix Vicq d'Azyr，1748~1794）為名，一個是維氏帶（band of Vicq d'Azyr），另一個是維氏束（bundle of Vicq d'Azyr）。維克－達吉爾先後為現代神經解剖學和後來的比較解剖學奠定了基礎，是科學史中受到低估的人物。維克－達吉爾是最早比較不同動物身體結構的人，目標是要瞭解身體結構所呈現出的模樣，背後有什麼規則。

維克－達吉爾不只比較了各個物種之間相似的結構，還研究了身體內部的組織方式。他在解剖人類的肢體時，看到前肢和後肢基本上彼此複製。手和腳的骨架結構都是「一個骨頭、兩個骨頭、許多骨頭，加上指骨」。他把這種比較結果推展得更廣，看看手部和腳部的肌肉是否也有類似的模式，就好像是把手和腳看成器官複製產生的一系列結果。

大約七十年後，英國解剖學家理查‧歐文爵士（Sir Richard Owen，1804~1892）把維克－達吉爾的概念擴大到整個身體，以及所有動物的骨骼上。肋骨、脊椎骨和肢體骨骼，看來都是複製之後修改成型的，整體看來相似，但個別的形狀、大小以及在身體中的位置略有差異。歐文對這個看法印象深刻，甚至認為從魚類到人類之間所有動物的骨架，都是由原型發展出來的。在這種簡單的原型動物身上，脊椎與肋骨從頭延伸到尾部。

維克－達吉爾和歐文不只發現了身體架構的基本形式，也發現了生物學中一個重要的現象，這種現象對 DNA 來說特別重要。

又見布里奇斯

　　18、19 世紀所進行詳細的結構解剖研究，是摩根果蠅房研究的先聲。1913 年，摩根的學生沙布拉‧寇比‧泰斯（Sabra Cobey Tice）發現一隻眼睛非常小的雄果蠅。這種突變很罕見，大約數百個正常果蠅中只有一個。泰斯把這種突變果蠅保留在實驗室中，花了幾個月的時間找出雄性突變和雌性突變，最後繁殖出很多這種突變果蠅。

　　1936 年，布里奇斯去世之前兩年，決定使用超精細的新技術，研究小眼突變果蠅。他精確的實驗技巧很適合操作這種新技術。他把唾腺的一小團細胞取出來加熱，抹到載玻片上，然後用高倍率顯微鏡觀察細胞內部。如果操作過程正確，就可以看到細胞中的染色體。布里奇斯並不知道 DNA 是什麼，但他知道染色體中含有基因。

　　動物和植物所含的染色體，在數量、形狀與大小上都不相同。在說明雙胸果蠅時提到，用布里奇斯使用的這種技術製備染色體，染色體上會出現深色與淺色條紋，有些條紋寬、有些條紋窄，乍看之下這些條紋是隨機排列的，其實不然。這種條紋的組織方式是重點——摩根與他的研究團隊所找到的基因，其位置會對應到條紋圖樣上。前面提過，基因位於一段 DNA 上，DNA 會摺疊捲曲成為染色體。基因在染色體中的位置，可以由深淺條紋的排列圖樣定出；當某段圖樣改變了，可能代表發生了突變。我們現在知道，這些條紋排列的圖樣像是衛星

訊號不良時的 GPS，能夠告知一個突變個體發生遺傳缺陷的位
置，但卻無法精確指出是哪個基因突變了。

　　布里奇斯準備了小眼突變果蠅的染色體，並與正常果蠅的
染色體比較其中條紋圖案的差異，除了一個區域之外，兩者其
他的部位都相同。小眼突變果蠅有一個染色體特別長，其中的
深淺條紋看起來倒是與鄰接的區域相同。布里奇斯相信這是基
因組中某個片段複製了，便留下詳細的紀錄，並推測有些異常
的基因複製，使得果蠅的眼睛變得特別小，並且有較長的染色
體。

　　維克－達吉爾、歐文和其他同時代的人，認為身體由重複
的部位所組成。布里奇斯看到了基因組中的拷貝區域。遺傳複
製的概念這時才開始壯大起來。

基因的音樂

　　史帝夫・賈伯斯（Steve Jobs）說過：「畢卡索曾說──好
的藝術家複製，偉大的藝術家剽竊。我們（蘋果公司）對於剽
竊偉大概念這件事從不感到羞愧。」對藝術和科技來說如此，
對基因而言也是。如果能夠複製與剽竊，為何要從無到有打造
出來呢？

　　在賈伯斯說這句話的數十年前，有一位沉靜且幾乎都是獨
自進行研究的科學家大野乾（Susumu Ohno，1928~2000）把

這句話應用在遺傳學上。他當時任職於美國加州的希望城國家癌症醫學中心（City of Hope），興趣是把蛋白質的結構轉譯成由小提琴和鋼琴演奏的曲目。他知道蛋白質由一串胺基酸所組成，便把每種胺基酸當成不同音符。對他來說，這樣轉譯出來的音樂會引發神祕又深刻的共鳴。引起惡性癌症的蛋白質轉譯出來的音樂，他聽起來就像是蕭邦的送葬進行曲；從幫助身體代謝糖分的蛋白質胺基酸序列做出的曲子，在他耳內有如搖籃曲。大野乾在基因與蛋白質中不只發現到輓歌與旋律，還發現到對於生物創新的新看法。

　　大野出生成長於日本占領時期的韓國，他從很小的時候開始就有幸接受教育、學習知識。他說自己的研究生涯，來自童年時期對於馬匹的喜好。一整個週末都在騎馬，讓他得到「如果馬本身跑不快，你能用的辦法不多」的見解。對於大野來說，瞭解馬匹不同之處的關鍵，在於瞭解讓馬匹跑得快或跑得慢、比較壯或比較弱、比較大或比較小的基因。他先在日本研讀遺傳學，之後進入美國加州大學洛杉磯分校。他對摩根和布里奇斯的研究十分熟悉，他自己則是研究是否能從染色體的圖案中描述生物之間的相似與差異之處。

　　1960 年代，能夠採用的技術與數十年前布里奇斯所採用的相差不多。大野用化學藥品染色各種哺乳動物的細胞，好讓染色體的條紋顯現出來。他拍攝染色體照片，把照片中的染色體剪下，在桌子上擺開。面對眼前剪下的染色體照片，他可以研究各種動物之間的染色體有何不同。這個低科技又聰明的方

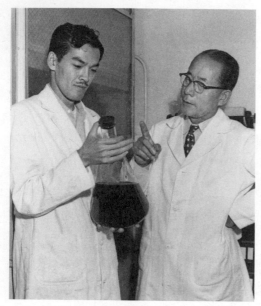

大野乾（左）

　　法，讓人瞭解到造成物種不同的遺傳改變。

　　大野開始比較各種哺乳動物的染色體，從嬌小的鼩鼱到長頸鹿。他從動物園或是其他地方得到了動物細胞後，首先觀察到各種動物所具有的染色體數量差異很大──奧瑞岡田鼠（Microtus oregoni）只有十七對染色體，黑犀牛則高達八十四對。

　　大野接著做了一件漂亮的事，這件事之所以漂亮在於簡單卻深具意義。他把那些剪下來的照片染色體拿去秤重，因為他認為這些剪下來染色體的重量，相近於動物細胞中遺傳物質的總量。不過，他實際上秤量的並非染色體本身，而是剪下來的染色體照片，但是這種相對重量仍然是有意義的。為了讓這種意義存在，大野非常仔細地把照片中的染色體剪下來。在秤了奧瑞岡田鼠（Microtus oregoni）的十七對染色體和黑犀牛的八十四對染色體後，他發現各種動物的染色體總量幾乎是相同的。事實上，從大象到鼩鼱，不同哺乳動物剪下來的染色體照片重量是相同的。因此大野認為，染色體相片重量相同，代表了不同哺乳動物染色體重量相同。雖然物種不同，染色體數量也不同，但是這種相似性卻是不變的。

大野把這種比較拓展到其他生物。兩生類或是魚類中不同的物種，遺傳物質的量也是相同的嗎？各種蠑螈看起來相似，因此大野認為牠們的遺傳物質量應該也一樣，但在剪下染色體照片秤重之後，結果讓他大吃一驚：各種蠑螈構造上相似，但是細胞中 DNA 的含量卻變化很大；有些物種的 DNA 量是其他物種的五到十倍。在蛙類中也是這樣。除此之外，這兩種兩生類動物的遺傳物質量，都遠超過人類和其他哺乳動物。有些蠑螈和蛙類的遺傳物質量竟然是人類的二十五倍。

大野靠著這些剪下來的照片，發現了數十年後耗資數十億美元的基因組計畫才確認的事情。動物構造的複雜程度和彼此之間的差異，與細胞中所具備的遺傳物質量並沒有關聯。看起來相似的蠑螈，其中一種的遺傳物質量是另一種的十倍，而那些多出來的遺傳物質似乎和兩者之間結構上可見的差異無關。大野認為，蠑螈和其他物種的基因組中，充滿了許多無意義的DNA 片段，用他的話來說，這些 DNA 是「垃圾」。

　　大野還注意到，擁有最大基因組的蠑螈，牠體內染色體上的條紋圖案很奇怪：整個看起來就像是由相同的條紋排列圖形重複連接而成。他認為蠑螈和蛙類體內多出來的 DNA，來自基因複製的結果，就像是基因組中某些區域不斷複製。之所以會有「垃圾」的存在，就是複製過頭的結果。大野認為，這種狂亂的複製是在生命史中重大轉變出現的一個成因。他就如同優秀的偵探，想要瞭解複製的過程，以及對於演化史造成的影響。

　　大野知道，細胞分裂時染色體也會複製，有的時候複製會出錯。摩根的果蠅房團隊觀察過細胞分裂；他們利用染色體上的條紋，可以看到細胞中的染色體複製以及發生的錯誤種類。大部分的動物細胞中有兩組染色體，分別來自雙親。人類有二十三對染色體，每對中的一條染色體繼承自母親，另一條繼承自父親，讓我們總共有四十六條染色體。人類絕大多數的細胞中每種染色體有兩份，精子和卵子則各自只有一份。精子和卵子的產生過程中，DNA 會複製讓染色體加倍，但是只有一組染色體會進入新形成的精子或卵子中。不過事情總是有出錯的時候，當染色體加倍時，新形成的成對染色體彼此會交換遺傳物質，如果交換得不等量，有一個染色體後來就得到了一些多出來的基因，另一個則會變少。這個過程會使得後代某些基因有許多拷貝，基因組也變大了，就像布里奇斯觀察到的小眼突變果蠅，或是大野在染色體剪紙時看到的現象。

　　另一種錯誤也會讓整個基因組改變。染色體倍增之後，會移動到新的精子或卵子中。如果沒有正確地移動進去，有些精子或卵子就會多出染色體，這種狀況不只是某個基因數量加倍了，而是一條染色體上數千個基因都加倍了。這個精子或卵子會讓之後形成的胚胎不是只有兩組染色體，而是多出了一條染色體，甚至多出整組染色體。

多出來的一條染色體可以造成巨大的改變。通常是遺傳物質的均衡產生了變化，正常發育時所需要的細微基因互動會受到干擾，其中一個結果是畸型。唐氏症的出現是因為胚胎中第二十一條染色體多了一條，但症狀會出現在全身，包括神經系統、下巴、眼睛，手掌上出現皺紋等等。遺傳學家彙整了各種染色體多出來的狀況。巴陶氏症（Patau syndrome）是第十三條染色體多出一條，愛德華氏症（Edwards syndrome）是第十八條染色體多了一條。在這兩種疾病中，腦部、骨骼和器官（幾乎就是身體中的每個部位）的發育都受到了影響。

某個染色體多出一條會造成疾病，但如果整組染色體都多了出來則是另一回事，此時會發生神奇的生物現象。除了每個基因都有兩個拷貝之外，還可能有三個、四個，甚至六個。我們每餐的食物中幾乎都有多出整組染色體的生物。香蕉和西瓜有三套染色體，馬鈴薯、韭蔥和花生有四套染色體，草莓則多達八套。植物育種專家很久之前就知道如何以整個基因組加倍的方式來育種，子代有的時候多出了整套或是數套染色體，會長得更好或是更可口。沒有人知道原因，但有些人認為多出來的遺傳物質可能有新的用途，能讓生長與代謝旺盛。

　　多出染色體的狀況在自然界中經常發生。當有多一組染色體的精子和多一組染色體的卵子結合後，形成的胚胎可以存活下來，甚至更為健壯。發育形成的個體可能與同種的其他個體不同。在這種狀況下，由於基因組和雙親手足之間的差異非常大，這類個體只能和其他同樣也多出染色體組的個體交配，才能有效地繁殖。這種怪物的未來充滿希望，經由改變精子與卵子中染色體的分配方式，只用了一個步驟就造成了遺傳突變。世界上有超過六十萬種開花植物，其中有一半的染色體數量是倍增的，這些植物都是由精子和卵子中一個簡單的改變打造出來的。

　　這種在植物中常見的現象，在動物中卻很罕見。哺乳動物、鳥類和爬行動物中類似的突變個體鮮少能夠存活下來。在爬行動物、兩生動物和魚類當中，有許多物種有多出整組染色體。蜥蜴出生時往往有多組染色體，這樣的個體可以長大，外觀也都正常，但往往沒有生殖能力。蛙類和魚類有多組染色體時則可以正常繁殖。

　　大野剪下染色體的照片時，就知道細胞中發生一個錯誤就能讓單個染色體、染色體的一部分，甚至整組染色體倍增，因此他想像到一個持續發生複製的世界。對他來說，複製就是創新的種子。

　　蠑螈和蛙類的染色體照片，引導出一個對於生物演化史中遺傳創新的全新看法。之前大家的想法是，天擇造成的演化，主要由基因中的些微改變所助長。大野推測，如果演化改變是由基因複製所推動，那會怎樣呢？創新將會來自讓原有的基因有了新的用途。如果一個基因複製，那麼原先只有一個基因的狀況變成了有兩個基因，這種基因多出來的冗餘性（redundancy），代表一個基因可以保持不變，負責原來的舊功能；另一個基因則可以改變而發揮新功能。後者可以改變得飛快，但對於有這個基因的個體卻不會造成任何負擔。

在基因組中各個階層的複製，就是改變的基礎。現存有用的部分加以改變，便產生了新功能，也就是用舊的部分打造出新的部分。

大野完成他的染色體剪紙研究時，科學界已經可以定出不同蛋白質的胺基酸序列。這些序列證實了基因組中的確有複製事件發生，而且發生在各個階層當中：整個基因組可以複製，基因可以複製，甚至蛋白質中某些地方的胺基酸序列是重複的。對大野來說，這些複製的蛋白質是特殊的音樂。大野的妻子綠（Midori）是演唱家，在某些場合中，兩人會一起演出轉譯出自這些複製分子的音樂。

到處都有複製事件

基因組在各個階層上都類似於樂譜，相同的樂句以不同的方式變化而重複出現，讓樂曲多采多姿。事實上，如果大自然是作曲家，那麼將是史上侵害版權次數最多的傢伙；從 DNA

序列、整個基因到蛋白質，全都是拷貝之後再修改而成的。觀察基因組中的複製，就像是戴上新眼鏡，整個世界看起來都不一樣了。只要看到基因組中的複製，就會發現基因組中處處都有複製結果。新的遺傳物質看起來像是舊材料拷貝之後有了新用途。這種富含創意的演化力量，就像是數十億年來複製並改造古老的 DNA、蛋白質，甚至打造器官藍圖的模仿犯一樣。

　　祖克康德與鮑林等最早研究蛋白質序列的人，剛好見到了這種複製現象：在血液中運送氧氣的蛋白質血紅素，就有多種類型，每種都對應到不同的生命狀態。胎兒所需的血紅素和成年人不同。在子宮中，氧氣來自於母親血液；在成人時，氧氣則來自於肺臟。生命中不同的階段需要不同的血紅素，這些不同的血紅素是拷貝產生的。

　　同一類蛋白質的不同版本在胺基酸序列上有一些變化，你可以在每個組織與器官中找到這種現象，皮膚、血液和鼻子都只是一些例子。

　　角質蛋白賦予了指甲、皮膚和頭髮特殊的物理性質，每種組織中所含的角質蛋白不同，有些柔軟，有些堅硬。角質蛋白基因家族源自某一個古老的角質蛋白基因，這個基因複製之後，製造出每個組織專屬的角質蛋白。

　　彩色視覺需要有視蛋白（opsin）才能夠產生。人類能夠看到許多種顏色，是因為人類有三種視蛋白，分別感應不同波長的光：紅光、綠光與藍光。這些視蛋白來自於某一個視蛋白基因，複製之後成為三種，使得視覺敏銳程度增加。

幫助嗅覺的分子也有這樣的模式。動物能夠聞到多少味道，很大一部分取決於嗅覺受器基因的多寡。人類大約有五百個嗅覺受器基因，但是比不上狗和大鼠。狗有上千個嗅覺基因，大鼠有一千五百個（魚類約有一百五十個）。動物的視覺、嗅覺、呼吸，到幾乎所有功能，都有複製的基因才能夠執行。身體中幾乎每種蛋白質，都是從古代的蛋白質複製之後修改而來，改變用途而有了新功能。

一如路易斯和其他跟隨他研究方向的研究人員所發現，打造出身體的基因往往是從其他基因拷貝修改之後而來。路易斯的雙胸突變基因，以及小鼠中的 *Hox* 基因都是拷貝而來的。*Hox* 基因與身體架構的關係密切，是一個巨大的家族基因，數量會隨著時間增加。人類和小鼠一樣，有三十八個 *Hox* 基因，果蠅只有八個。在另一種打造動物身體的基因家族中也是如此；*Pax* 基因對於眼睛、耳朵、脊椎和內臟的形成很重要，共有九種。*Pax 6* 參與了眼睛的發育，*Pax 4* 參與了胰臟的發育，缺乏這些基因的胚胎將不會產生那些器官。這些基因的老祖宗是單一個 *Pax* 基因，經過複製之後，新的拷貝在不同的組織與器官中得到了新功能。

我們現在知道，基因組中的基因屬於基因家族的成員，其中充滿了拷貝，都具備相同的重要序列。一個基因家族可能有數個基因，或甚至數千個基因，每個都有不同的功能。顯然在演化的過程中，拷貝是種力量十分強大的程序。

如同大野的看法，拷貝是創新之路。我在芝加哥大學的同事龍漫遠（Manyuan Long）研究果蠅，估計在不同種類的果蠅中，新基因是如何產生的。他利用了各種果蠅的基因組序列資料，發現各種果蠅之間有多到五百多種不同的新基因，約占了基因組的 4%，其中某些新基因的產生方式，我們目前還不知道，但是大部分都是由舊基因拷貝而來。如果能夠拷貝，何必要做新的呢？

　　基因複製甚至和人類的關係也很密切。

大腦袋

　　人類的特徵之一，是與其他靈長類動物相較起來，腦部對身體的占比大多了。顯然瞭解到腦部形成的遺傳基礎，能讓我們知道思考、語言，以及其他人類獨有的能力是如何出現的。從化石紀錄來看，人類現在的腦部大小是三百萬年前南猿祖先的將近三倍。腦的某些部位增大了，特別是前腦的皮質，這個部位和思考、策劃及學習有關。

　　化石紀錄顯示，腦部增大還伴隨著其他改變，最值得注意的是我們祖先所打造與使用的工具種類變得更為複雜了。現在有了基因組技術，帶來的新問題是：瞭解讓人類成為人類的基因。

　　其中一種研究方式是比較人類和黑猩猩的基因組，找出一些人類有而黑猩猩沒有的基因。這些基因清單中可能含有一些資訊，但也可能無法指出哪個基因對於人腦的起源是重要的。其中的差異可能和任何人類與其他靈長類不同的特徵有關，也可能一點關聯都沒有。解決這個問題的一個方式聽起來像是科幻故事中的情節——在培養皿中培養腦。這樣培養出來的器官甚至已經有個名字了，叫做「類器官」（organoid）。其中的概念是取出發育中動物的腦細胞，放在培養皿中，看在什麼狀況下能讓腦部結構生長出來。在培養皿中研究組織要比在胚胎中研究容易多了，特別是哺乳動物，因為哺乳動物的胚胎在子宮中發育。

　　加州的一個團隊比較了人類與恆河猴的腦類器官，把兩者的差異羅列了出來。在培養皿中，人腦的類器官長出了一種人類獨有的皮質，是猴腦的類器官所沒有的。研究人員找尋這個組織形成時哪些基因開啟了，結果發現有個基因在每個人腦細胞中都活躍，但在猴子組織中沒有。這個基因是 *NOTCH2NL*，名字念起來拗口，但與腦部發育息息相關。

　　在此同時，一個遠在萬里外的荷蘭實驗室，不尋常地得到了因為治療而需要進行人工流產的胎兒腦部組織。這個組織的特殊之處，在於胎兒正處於腦部形成的階段。研究人員偵查這時腦部活躍的基因，發現了少數符合腦部形成狀況的相關基因；它們在發育過程中的適當時機開啟，而且會製造蛋白質。其中一種基因便是在培養皿研究中找到的 *NOTCH2NL* 基因。

　　之後科幻味道變得更重了。荷蘭研究團隊把人類的 *NOTCH2NL* 植入小鼠，製造出人類與小鼠的嵌合動物

（chimera）。結果小鼠的皮質細胞數量增加了，這點和人類一樣。

　　美國加州的團隊接著研究了基因組，比較人類、尼安德塔人和其他靈長類動物的基因組，發現 NOTCH2NL 只是人類腦部三種活躍基因中的一種，另外還有兩種，這三種全都類似於 NOTCH 基因，而後者從果蠅到靈長類體內都有，參與了許多器官的發育過程。那人類腦部那三個專門的基因是怎麼來的？是從遠古靈長類祖先中的 NOTCH 基因拷貝後產生的。一旦有了拷貝，多出的基因就能得到新功能。

　　基因複製不只能解釋過去發生的事情，到現在也在發揮影響力。在人類基因組中，這三個 NOTCH 拷貝基因排列在一起，這樣的排列方式讓基因組中的這段區域不大穩定，在細胞分裂、基因組複製時容易斷裂，這種斷裂處就是染色體容易損傷的地方，而這種變化會影響基因和腦部的功能。細胞分裂時，這段區域可以複製或是被刪除。如果成功複製，個體會有比較大的腦。如果失去了那段區域，腦就會比較小。發生這些遺傳變化的人中，雖然有些腦部依然維持正常功能，但大部分會出現思覺失調和自閉症狀。

　　當然 NOTCH2NL 不是唯一讓腦部比較大的基因，但是就如這個基因的運作所顯示出的，人類基因組中塞滿了重複的基因、各種基因家族，以及其他形式的拷貝，這些複製出來的序列可以作為創新與改變的原料。

複製變得瘋狂時

　　羅伊·布列頓（Roy Britten）生來就有科學才能。他在1912年出生，雙親在不同科學領域中工作。他長大後研讀物理，在二次大戰期間加入研發原子彈的曼哈頓計畫。隨著年紀增長，他越來越趨向和平主義，便想要換其他的工作，最後如願以償地在華盛頓特區的一個地球物理實驗室中找到工作。1953年，DNA的結構揭露了，總是追求新學術冒險的布列頓，在紐約的冷泉港實驗室（Cold Spring Harbor Laboratory）上了短期的病毒課程後，具備了這些知識。他認為DNA是新的領域，便開始研究基因組的結構。

　　縈繞在布列頓心頭的問題是瞭解基因組中有多少基因，以及這些基因的組織方式。當時還沒有辦法定序基因組，基因組的組織方式仍是一團迷霧。布列頓和之前的大野一樣，在沒有基因定序儀器的狀況下，想出一些巧妙的實驗方式。

　　追隨大野的腳步，布列頓也認為基因組中有重複的部位。他設計了一個聰明的實驗，用來估計基因組中重複的部位有多少。他把DNA從細胞中取出，加熱後把DNA切成數千段小片，接著改變環境狀況，讓因為加熱而分開的雙股DNA重新合併回去。這個實驗的目標是測量單股片段彼此重合的速度有多快。他的看法是：從DNA重合的速度，可以推算出基因組中有多少個重複片段。其中的原理在於DNA分子的化學特性，「相似的片段與相似的片段重合」的速度，要比不相似的快多

了。一個基因組中重複的片段多，重合的速度自然比重複片段
少的基因組更快。

　　布列頓一開始比較了小牛和鮭魚的 DNA，然後拓展到其
他物種。雖然他預料到基因組中會有許多重複片段，但結果還
是讓他嚇一跳。據他估計，小牛基因組中有四成是重複序列，
而鮭魚有將近五成。讓人驚訝的除了所占比例之高，還在於不
同物種中普遍都有這種現象。幾乎每一種 DNA 被打破再重合
的動物中，都含有大量的重複片段。他利用當時可行的粗糙技
術，估計出有些片段在基因組中重複的數量超過百萬次。

　　基因組計畫的進展，代表我們發現基因組中有特殊的複製
序列，而且對於細節瞭解的程度遠勝於當年的布里奇斯、大野
與布列頓。所有的靈長類動物中都有大約三百個鹼基長的 *ALU*
片段。在人類基因組中，約有 13% 是重複的 *ALU*。另一個更
短的片段 *LINE1* 則有幾十萬個，占了人類基因組的 17%。總
的來說，人類基因組中有三分之二由成串的重複序列所組成，
功能不明。基因組中的複製情況真是有夠瘋狂。

　　布列頓到持續發表論文，直到 2012 年死於胰臟癌之前。
他去世前一年在《美國國家科學院學報》（*Proceedings of the
National Academy of Sciences*）發表新發現的論文標題，大野看了
一定會微笑：〈人類基因幾乎都源自於複製〉。

玉米的基因

　　芭芭拉・麥克林托克（Barbara McClintock，1902~1992）
開始研究生涯的時候，想要追隨摩根的腳步研究遺傳學。但不
幸地，她就讀的康乃爾大學不許女性主修遺傳學，她只好選了
「適合女性主修」的園藝學。但麥克林托克最後還是成功了，
她加入了開拓玉米遺傳學研究領域的團隊。

　　就實驗對象來說，玉米比起摩根的果蠅有一個優勢，那就
是一根玉米穗上最多可以長出一千兩百個玉米粒。麥克林托克

玉米田中的麥克林托克。

知道玉米是優秀的研究對象，因為每個玉米粒都來自一個獨立的胚胎，是獨立的個體。下次你啃玉米時，想像你吃到上千個在遺傳上不同的個體。對麥克林托克而言，每根玉米穗都是能用來探索遺傳學的苗圃。除此之外，玉米有很多品種，玉米粒有不同顏色，從白色、藍色到帶有斑點的都有。用一根玉米穗做實驗，可以追蹤上千個個體，這樣實驗可以進行得快，得到的資料很豐富，材料也很便宜。

麥克林托克一開始的工作內容和摩根團隊的相同，就是發展出能看到染色體的技術。她用各種染料給玉米細胞染色，繪製出詳細的染色體深淺條紋圖。之後她很幸運，發現到玉米染色體中有一個部位很容易裂開，就像是那個點上結構有缺陷。她繪製染色體圖譜的技術很熟練，可以將不同玉米粒的染色體細節描繪出來。讓人驚訝的是，那個斷裂點在染色體中的位置跳來跳去。這個發現引發出遺傳學歷史中最偉大的一個概念：基因組並不是穩定的，基因能夠跳來跳去。

她的研究並沒有就此止步。麥克林托克思慮周密，在尚未探究出其中的意涵之前，沒有把這個發現公諸於世。她想知道，跳躍的基因對於玉米粒的影響是什麼？如果跳躍基因降落到其他基因的位置上又會如何？

麥克林托克運用了玉米粒的特殊性質來找尋答案。玉米粒的細胞增殖時，外層的顏色會產生變化。剛開始是一個持續分裂的細胞，如果那個細胞有特殊的顏色，例如紫色，那麼從這個細胞變成的玉米粒將會是紫色。但是想像一下，如果在細胞持續分裂的過程中發生了遺傳變化，那個紫色基因產生了突變會怎樣？這個紫色細胞的子細胞就不會是紫色，而沒了顏色，通常呈現為白的。白色細胞持續分裂，產生了一群白色細胞，到最後就是在幾乎全是紫色的玉米粒上出現了一個白斑。

經由追蹤每一個玉米粒的不同色斑，麥克林托克便能得知突變發生的時間和位置。她仔細檢查每個玉米粒中的突變，也檢查了每根玉米穗中上千個玉米粒。麥克林托克研究了幾十萬顆玉米粒，並且栽種玉米、養出有不同種類斑紋與顏色的玉米。她發現顏色的突變能夠開啟、關閉，然後又再度開啟。她像布里吉思和摩根那樣研究染色體，發現到如果染色體的斷裂點跳走，落到色素基因時，就會產生突變。當斷裂點插入顏色基因，就會讓這個基因的功能受損，就無法產生出色素。在斷裂點跳走之後，色素又會恢復製造功能。玉米的基因組中充滿了能夠複製自己的基因，而且這類基因還能到處跳動，讓玉米粒出現色斑。

麥克林托克花了數十年研究，後來在任職的冷泉港實驗室一場演講中發表了結果。聽眾都是專家，對此全都無動於衷，他們不瞭解這些研究的意義，也不相信她，或是認為她所發現的只是玉米的怪現象。麥克林托克描述那時聽眾的反應：「他們認為我瘋了，絕對瘋了。」

這樣的問題持續了幾十年，但是麥克林托克不為所動，持續描繪數千根玉米穗中的跳躍基因。她當時的想法是：「如果你知道自己是正確的，那就不會在意。你知道遲早有一天會水落石出。」

　　到了 1977 年，其他實驗室在細菌、小鼠（其實包括了所有檢驗過的物種）中發現了跳躍基因。在研究這些基因的過程中，又出現了另一個驚人結果。人類基因組中滿滿都是跳躍基因，大約占了七成。跳躍基因不是什麼例外狀況，而是基本狀況。那些基因組中數量龐大的重複序列，例如 *ALU* 與 *LINE1*，重複到有數百萬個；它們是會複製自己的跳躍基因，並且遍布到整個基因組中。這點布列頓在 1960 年代便以自己粗略但優雅的實驗發現到了。

　　麥克林托克在 1983 年獲得諾貝爾生理醫學獎。1970 年，美國總統尼克森頒給她國家科學獎（National Medal of Science）。在頒獎典禮上，尼克森說的話有些曲解了她的科學研究，但卻瞭解她帶來的影響：「我讀（解釋您科學成就的文字），想要知道您的研究內容，但是我讀不懂。不過我希望您知道，就是因為我不懂，我才瞭解到您對國家的貢獻有多麼大。對我而言，這就是科學的本質。」

　　基因組並非固定不變。基因組中充滿活動，基因能夠複製，整個基因組能夠拷貝，基因能夠拷貝，然後在基因組中跳來跳去。

　　想像基因組中有兩種基因：有些具有一種功能，會製造蛋白質。另一種就只是複製，然後跳來跳去。經過長久時間之後，基因組會變成什麼模樣？如果情況不變，複製自己的基因會在基因組中占多數。這就是人類基因組中 *LINE1* 和 *ALU* 之類的重複序列占了三分之二的原因。如果沒有加以限制，重複序列就會占滿整個基因組。能夠限制這些寄生蟲的方式，就是一旦複製完全失控，所在的宿主也會死亡，如此一來這些序列也將無法續存。個體如果帶有完全不受控制的跳躍基因，將會死亡而沒辦法把這些跳躍基因傳遞下去。自私基因和宿主之間的關係緊張，甚至如同處於戰爭狀態，因為自私基因生來就是要複製自己，宿主的基因組則是要限制那些自私基因。

　　就如同賈伯斯時代的蘋果公司，複製是創造之源；基因組中的剽竊事件也是無數遺傳創新的來源。在科技業、商業和經濟活動中，破壞能夠帶來革命，生物體中也是如此。動物細胞在數億年來受到破壞，而這些改變帶來了全新的生活方式。

6

身體內的戰場
Our Inner Battlefield

　　我研究工作的種子，是在 1980 年代我當研究生時每週進行的儀式埋下的。每週四早上，我要爬五層樓到哈佛比較動物學博物館（Harvard's Museum of Comparative Zoology）的館藏區，那裡收藏了鳥類標本，木頭地板嘰嘰作響，天花板有將近八公尺高，櫃子和架子貼著牆壁排列，裡面塞滿骨骼、羽毛和皮膚，全都是 19 世紀與 20 世紀的採集成果。館內空氣飄盪著樟腦丸的味道，那是為了保護標本皮膚而放置的。這是瀰漫歷史感的地方，有鳥類學的歷史，也有科學的歷史。與八十歲的退休鳥類收藏館員恩斯特‧麥爾（Ernst Mayr）見面，讓我與過往的事物連結，吸引我前來朝聖。

　　20 世紀中期，一群遺傳學家、古生物學家和分類學家定義了演化生物學領域；到了 1980 中期，麥爾成為那群人當中少數還活著的人之一。在這項偉大的科學成就中，麥爾的工作是寫了一本當時的經典著作《動物、物種與演化》（Animals, Species and Evolution）。這部巨著指引了一代科學家對於新物種形成的研究。

　　每週來到這裡，我都會提出一個問題，並與這位偉大人物共享一壺茶。他會滔滔不絕地大談這個領域的歷史，對於讓這個領域形成的觀念和人物，發表強烈的個人看法。每次前去之前，我會搜尋文獻，找一個好的主題讓他開始回憶，透過他的故事轉換時空。我覺得自己非常幸運，能在職業生涯剛起步時有這樣難得的機會。

　　有個週四，我帶了德國科學家理查‧高德施密特（Richard Goldschmidt）於 1940 出版的《演化的物質基礎》（*The Material Basis of Evolution*）再版平裝本。拿給麥爾看時，我見他臉脹紅了，兩眼冷冷看著我。他起身靜靜站著，完全沒有察覺到這段時間我覺得度日如年。我跨過了某條埋藏的底線，很可能要和每週四的茶會說再見了。

　　麥爾靜靜走到一個木製檔案櫃前，快速翻找，拿出一份發黃的高德施密特論文抽印本，甩到桌子上，說：「為了回應這個垃圾在這篇論文最後一段的第一句話，我寫了本書。」在這個提示下，我翻開論文，找到了第九十六頁。沒錯，就是這一頁，上面麥爾的注記要比書中的文字憤怒多了。

　　高德施密特的論文在出版三十五年後依然讓麥爾感到憤怒，為什麼那句話（甚至連個概念都稱不上）會讓麥爾寫了開拓整個研究領域的八百一十一頁巨著呢？

　　這個問題在於，基因的改變是如何讓生物演化史中的新特徵出現的？當時普遍的概念是每次都會發生些微的遺傳改變，而讓新的特徵逐漸出現。有許多理論工作和實驗結果支持這個說法，使得人們覺得這個說法是理所當然的。英國統計學家羅蘭・費雪爵士（Sir Ronald A. Fisher）在 1920 年代嘗試以數學的方式，把達爾文的演化理論和新興的遺傳學連接起來。這個概念背後的一個邏輯是，如果系統中出現了隨機變化，巨大的變化往往會造成不良甚至毀滅性的結果，些微的變化則比較不會如此。

用飛機來做例子。如果違背常規隨意修改飛機設計，通常會讓飛機飛不起來。若隨意修改機體的形狀，例如引擎的位置、類型或形狀，或是改變機翼構造，只會讓飛機變成畸型的廢鐵。然而若是細微的修改，例如座位的顏色或大小稍微有點變化，就不那麼容易造成危險。事實上，細微修改對於性能增進的機會雖然很小，但還是好過劇烈的修改。這種想法主宰了生物演化學領域多年，想要挑戰這個說法，就像是要否認蘋果會因重力而掉落一般。

高德施密特是逃出納粹德國的難民，進入研究突變已經數十年的美國學術圈。他來到北美後，混進了遺傳學領域，完全不在意當時的狀況。高德施密特對於布里奇斯發現多出一個體節或是有兩個頭部的突變很感興趣，他認為只要單一強烈的突變，就能造成重大的轉變。高德施密特最著名的一句話能體現出這個概念的激烈程度，那也就是讓麥爾大怒的一句話：「第一隻鳥，是從爬行動物下的蛋中孵出來的。」在他的觀念中，沒有逐漸改變這回事。生物演化只要靠一個突變，一個世代就可以完成。

　　高德施密特的突變生物有個名稱，叫做「充滿前景的怪物」（hopeful monsters）。之所以是怪物，因為這種突變個體和正常個體的差異很大。會說是充滿前景，是因為這樣的怪物可能在生物演化史中帶來重大的革命。在植物界，染色體數量的改變就能讓新種一下子誕生出來，這種狀況下，高德施密特的概念並不會引發爭議。但是對動物來說不然。

　　對於高德施密特概念的攻擊來得又快又猛。最明顯的批評是，這種怪物存活下來並能生殖的機會微乎其微，毫無前景可言。首先，突變要讓個體能夠存活而且要產下後代；當時人們就知道，絕大部分的突變個體不是不孕，就是在能產下後代之前死亡，更別說有明顯突變的個體。就算突變個體能夠存活並且有生殖能力，未來依然充滿了不確定性；在一個族群中，若只有一個這種突變個體是無法繁殖下去的，至少還要有另一個帶有相同突變的交配對象。高德施密特的怪物，要在一個步驟中產生重大變革，需要一連串幾乎不可能發生的事件——具有顯著突變的個體活到成年、這樣的個體要同時有雄性與雌性，並且找到對方交配，同時還要扶養產下的後代，這些後代本身也要具備生殖能力。

　　我在 1970 年代研讀生物學時，高德施密特的名聲似乎介於印度賤民和異教徒之間，因為居然有人膽敢發表這種顯然錯誤的言論。他不但發表這種看法，而且似乎還樂於擔當這種和大家對著幹的角色，在職業生涯的最後幾十年，經常直接面對眾人的嘲弄，捍衛「充滿前景的怪物」。

　　麥爾、高德施密特與同時代的科學家，爭論的是生物多樣性的核心議題之一：演化中重大的改變是怎樣產生的？雖然高德施密特的「充滿前景的怪物」理論幾乎不可行，但是這個問題依然存在。逐漸改變論和這個問題沒什麼關聯；生物學家很久以前就知道在數百萬年的漫長時間中，小的遺傳變異逐漸累積，可以引發巨大的改革。然而，難解的謎團來自於化石紀錄。舉例來說，骨骼的出現是人類演化史中的重大事件。幾億年來，人類蠕蟲般的祖先體內沒有骨骼。骨骼有獨特的結構，其中的細胞層次分明、組織嚴密，能夠製造讓骨骼有硬度的結晶，以及調節骨骼生長的蛋白質。骨骼的出現，讓人類的祖先身體能夠增大，有堅硬的身體能捕捉獵物、避開掠食者，並且四處移動。這種創新之所以能出現，是因為有新類型的細胞，這種細胞能生產、製造骨骼所需的蛋白質，提供骨骼營養，好讓骨骼生長。但不論是皮膚、神經或是骨骼等組織，都是由不同的細胞所組成，這些細胞製造出好幾百種不同的蛋白質。神經細胞和骨骼細胞的不同之處，在於神經細胞會製造讓細胞能夠傳導神經衝動的蛋白質；骨骼和建造骨骼的細胞當然沒有那些蛋白質。同樣地，軟骨、肌腱和骨骼所製造出的蛋白質，神經細胞不會去製造。骨骼只是其中一個例子，六億年來動物產生了數百種新組織，讓動物得以以新的方式進食、消化、移動與生殖。

　　問題就在這裡：遠祖中出現的新組織與新細胞，需要改變數百個基因，那麼多遍布基因組中的突變要同時發生，才能夠讓新細胞和組織出現，這怎麼可能？如果一個新突變出現的機會已經相當低了，數百個同時出現，幾乎是不可能的事情。這就像是在一座賭場中所有的賭博輪盤同時都開出大獎。

懷孕中的深意

我在芝加哥大學的同事芬尼・林區（Vinny Lynch）如果出現在健身房，你絕不會認不出來：他的手臂和腳上紋滿了各種動物的運動圖案，就算是在滿身紋身的學生當中也非常顯眼。他的四肢上有河流景象，還有魚和蜻蜓。

河流圖案是為了向哈德遜河（Hudson River）致敬，他的童年時期就在那兒培養出對於科學的熱愛。林區從小在河畔邊的一座小城長大，喜歡上了棲息在河邊的生物。他記錄這些動物的種類，把牠們繪製下來，並且閱讀這些動物的資料，彷彿身處另一個世界。但不幸地，他對生物多樣性的好奇心並沒有轉變成好學業。他功課不好，因為如他所說的：「都沒在聽課。」而是看著窗外的鳥和昆蟲。

幸好有一位生物老師看穿他閒散背後的原因，讓他坐在教室後面閱讀書本和圖鑑，之後會進行口頭小考。因材施教的老師讓他展開了研究生物學的道路。他的研究目標是瞭解動物多樣性是如何產生的，不只是現存的動物飲食生活與移動方式，也包括這些生物如何從久遠的祖先演變而來。他的專長是利用高科技來研究這些深邃的問題。

　　生物學的進展很多時候來自於界定出正確的問題，並且找到探究這問題的實驗系統。摩根利用果蠅研究遺傳，麥克林托克藉由玉米瞭解基因運作的方式，林區則從蛻膜基質細胞（decidual stromal cell）發現到生命史重大變革的線索。

　　一談到蛻膜基質細胞，林區就非常興奮。我們第一次談這種細胞時，他直說那是「身體中最美麗的細胞」。我得承認這聽起來有股御宅族的瘋狂勁兒，但是在我用顯微鏡觀看那種細胞後，我就同意這句話了。大部分的細胞在高倍率顯微鏡下看

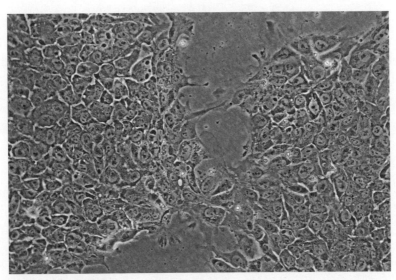

美麗的蛻膜基質細胞。

起來像是普通的小點，但蛻膜基質細胞不一樣，它的細胞是紅色，細胞間有大量的結締組織，如果可以用哪個詞來形容細胞，那會是「繁茂」。

就林區而言，蛻膜基質的細胞之美不只來自於外觀，也來自於其中的科學內涵。這種細胞讓我們能夠窺見生命演化史中重大的一個創新——懷孕。絕大多數的魚類、鳥類、爬行動物，以及非常原始的哺乳動物，是從卵中孵出來。這些動物並不具備哺乳動物的懷孕方式，也就是胚胎在母體中發育，並且從血液中得到養分。這些動物也沒有蛻膜基質細胞。

懷孕這件事看起來很自然，實際上卻近乎奇蹟。精子要在子宮和輸卵管中移動，找到卵子，之後某一個精子（極少數狀況會不只一個）進入卵子，引發一連串的程序。精子和卵子中的基因組會融合，兩個細胞變成一個細胞。隨著時間進行，這個細胞會包裹在安全的場所中，轉變成具備數兆個細胞的身體。在具備保護功能的子宮中，胎盤和臍帶連接母體與胎兒。為了保護胎兒，子宮中必須有一些新的結構。

受精也讓母親的身體產生一連串的改變。子宮中有特殊的細胞會連接到胎兒，就近供應血液中的養分。這些細胞實際上遮掩了「胎兒是母體中的異物」這件事，因為胎兒有來自父親的基因與因此產生的蛋白質。對於來自胎兒的蛋白質，母體的免疫系統總是有可能展開搜尋與摧毀的行動，最後殺死胎兒。特殊的細胞讓這種差異減少，創造出奇蹟，不但減緩了母親的免疫反應，而且還能夠把養分運給胎兒，這種細胞就是蛻膜基質細胞。

　　讓這種細胞出現並且讓子宮有許多變化的，是母體血液中的黃體激素（progesterone）濃度變化；當黃體激素濃度突然增加時，子宮便會為懷孕事先做好準備。當黃體激素接觸到子宮中的細胞時，會讓那些細胞複製並且發生變化，使得子宮內膜（endometrium）增厚。黃體激素濃度升高，也會刺激纖維母細胞（fibroblast）轉變成蛻膜基質細胞。如果當月沒有受孕，這些細胞就會脫落。如果有懷孕，卵巢就會開始製造黃體激素，子宮內裡的細胞以及豐潤的細胞間質就會持續增加，蛻膜基質細胞會形成，並且開始發揮功效。

　　林區在耶魯大學念研究所時，於德州聽到一場演講後，便開始著迷於蛻膜基質細胞。那位研究人員談論懷孕，放了一張蛻膜基質細胞的照片。林區知道，那些細胞有能在培養皿中養出來的特殊性質。這位研究人員發現，把從身體任何部位取出來的纖維母細胞放到培養皿中，再加入黃體激素和其他化學成分，就能讓蛻膜基質細胞生出來。當時林區還不知道非常巧的是，該研究全都在他工作的耶魯大學實驗室隔壁棟建築中完成的。

　　林區很快就學到在實驗室受控的環境下，如何把蛻膜基質細胞培養出來。現在他可以研究細胞的基因組，看看數億年前這些細胞是如何出現的。為了這個目的，他採用了非常強大的新技術，亦即使用了超快的基因定序儀。有了這個技術，他可以觀察一個細胞或是整個組織中的每個細胞，定序出每個活躍的基因；這些全部都會同時完成。

　　想想看這種科技能夠完成的研究。如果細胞間的差異來自
每個細胞中活躍的基因不同，那麼找出不同細胞中開啟的基
因，對於瞭解細胞差異的成因，將會是重要的一個步驟。神經
細胞和骨骼細胞的差異，在於這兩種細胞製造的蛋白質不同；
同樣地，蛻膜基質細胞和纖維母細胞的不同，也在於其中活躍
的基因不同。林區能夠研究其中一個細胞，並與其他細胞比較
來問一些根本的問題：兩個細胞之間基因的活動有什麼差異？
是一個基因造成兩者不同，或是數個基因共同造成的？若是如
此，又是哪些基因？

　　林區取了纖維母細胞放到培養皿中，接著用黃體激素刺
激，讓那些細胞轉變成蛻膜基質細胞。這時他去看哪些基因啟
動了，結果大吃一驚並且心生畏懼。蛻膜基質細胞的出現，並
不是只牽涉到一個基因或是一些基因，而是同時有數百個基因
啟動了。

　　蛻膜基質細胞是哺乳動物獨有的細胞種類，其他動物沒有
類似的細胞。蛻膜基質細胞的起源也是懷孕起源的一部分。但
是現在出現了問題：如果單一種細胞的起源就牽涉到數百種基
因的同時啟動，那麼懷孕一開始是怎麼出現的？基因組中同時
產生了數百個突變嗎？

　　如果林區要找出自己所提出問題的答案，可能得研究那數
百個讓蛻膜基質細胞成形的基因。

　　在探究林區的下一步之前，我們得先暫停一下，研究是什

麼讓基因開啟、使得纖維母細胞變成蛻膜基質細胞的呢？還記得基因中遍布著分子開關，在適當的狀況下，能讓基因開啟或是關閉。大部分的開關都位於所控制基因的附近。由於黃體激素引發了蛻膜基質細胞的形成，我們可以合理假設那些開關會對黃體激素產生反應。基因開關可能連接了能夠辨識黃體激素的序列；只要有黃體激素，開關就會啟動基因，讓蛋白質製造出來。

　　這個洞見讓林區有了線索，知道自己必須要去研究基因組，找出含有辨識黃體激素區域的遺傳開關；而這可以從序列中看出來。那些區域中有可以讓激素黏上的序列，在用那些序列比對電腦資料庫的時候，只要運氣夠好，就能把這些區域找出來。

　　他真的找到了。那讓蛻膜基質細胞成形的數百個基因，幾乎全都有能夠對黃體激素起反應的開關。這個發現雖然有趣，但依然不太能回答林區研究這題目一開始所提出的問題。不知怎地，在懷孕起源時期，有數百個基因能夠受到黃體激素的刺激而活躍。數百個基因因為黃體激素而開啟，能對黃體激素起反應的開關散布在整個基因組中，並且每個都靠近受到激素而開啟的基因附近。但是，那並不是單純在 DNA 上有突變就可以達成的，像是改變遺傳密碼中某個字母那樣。林區研究的是基因體的數百個區域，加起來得要有一大堆字母同時改變，好讓蛻膜基質細胞成形。這種狀況不合情理，也不可能發生。

　　每次新的實驗，都讓這種細胞的出現越發不可能，於是林區回頭去看基因開關本身的結構。這些開關的共通之處或許能夠說明一二。他利用電腦演算法看這些開關序列中是否有共通的模式，結果一個簡單的序列浮現了出來：幾乎所有開關都有這樣的序列。他在所有能拿到手的已知序列資料庫中找尋這個序列，最後得到答案了──每個遺傳開關都有某個跳躍基因的特徵，也就是那個麥克林托克最早在玉米中發現這類基因。之前曾提到跳躍基因會複製自己，然後插入整個基因組中。麥克林托克認為跳躍基因會造成嚴重的破壞，因為它們會插入到其他基因中，破壞基因的功能而造成疾病。林區卻看到不同的影響。

這種簡單的方式讓複雜到幾乎不可能出現的創新變得可能。數百個基因不可能各自同時突變，但林區發現到，當某個跳躍基因發生了一個突變，讓普通的序列變成會對黃體激素產生反應的開關，當跳躍基因複製、跳出、落到新的區域時，這個突變就在基因組中散播開來。跳躍基因讓開關迅速地在基因組中散播，若落到某個基因旁邊，那麼該基因就會變得能對黃體激素產生反應。就這樣，數百個基因都得到了在懷孕期間能夠開啟的能力。一個基因的改變，涉及協同數百個基因；並不是因為有數百個獨立出現的突變產生了，而是跳躍基因把單一種突變散播到整個基因組去。當基因複製自己並且跳到其他區域時，遺傳改變就快速散播出去了。

跳躍基因極度自私，它們複製之後會跳到其他區域，在基因組中增殖。林區發現在某些狀況下，跳躍基因能夠攜帶有用的突變，造成巨大的改變。

　　在基因組中有戰爭進行著，便是我們的 DNA 與跳躍基因之間的戰爭。在基因組中，每一天自私基因與控制自私基因的力量都在彼此較勁。DNA 中隱含了能夠控制跳躍基因的機制，其中一個用到一段短小的 DNA 序列，能發揮獵人兼殺手的功能。這段序列會連接到讓跳躍基因能夠跳躍的部位，將蛋白質纏在上面，導致跳躍基因無法跳躍。跳躍基因這時就像去勢了一般，無法移動，只能待在原處。這種機制能控制跳躍基因，讓它們無法破壞基因組的運作。這種方式也可以馴化跳躍基因；如果跳躍基因中具備了可能有用處的序列，獵人兼殺手序列就會讓它失去跳躍能力，卻能待在原處執行新功能。換句話說，跳躍能力不再，有用的突變卻可以保留下來。

　　林區發現到的開關就有上述現象：每個讓蛻膜基質細胞形成的開關都有一段特殊序列，看起來像是源自於某個跳躍基因。但這個基因有一處不同，它缺了某一小段 DNA。那不是隨便哪段 DNA，而是幫助基因跳躍的那段 DNA。就好像是指令受到駭客改變，讓基因無法再跳躍，只能在留在原地，執行讓蛻膜基質細胞產生的工作。跳躍基因受到了箝制，結果就只能在降落的區域發揮功能了。

　　從林區在懷孕中發現到的現象，可以窺見一個更廣大的世界——基因組內有戰爭，是跳躍基因和控制跳躍基因的力量之間的戰爭。在這種爭戰之中，出現了創新的特徵。單一個突變能夠散播到基因組中，經過一段時間後，帶來了變革。

　　這類改變還稱不上是高德施密特所謂的「充滿前景的怪物」。造成變革的突變，不是一個步驟就能夠產生的。在基因組的某處出現一個漸進式的改變，如果發現在跳躍基因中，就可以在子代中散播並增殖。

　　不過，基因組中的戰爭規模還更大，這也是經由研究懷孕所揭露出來的。

劫持駭客

　　胎盤中母體細胞和胎兒細胞的交界處，有一種蛋白質具有非常特殊的功能。合胞素（syncytin）位於這個介面上，在母體與胎兒交換養分和廢棄物時，擔任像是分子交通警察的工作。許多研究指出，這種蛋白質對於胚胎的健康極為重要。有一群科學家製造了合胞素基因有缺陷的小鼠，這種小鼠的生長活動一切正常，但卻無法生育。在受孕之後，胎盤無法成型，因此胚胎不能存活。母體如果少了合胞素，製造不出具有功能的胎盤，胚胎也就無法得到養分。人類如果缺少合胞素，也會產生許多和懷孕相關的問題。患有子癲前症（preeclampsia）的女性，身上的合胞素基因就有缺陷，以致可以製造出蛋白質，卻無法好好完成工作，結果在胎盤中引發出一連串反應，導致了極危險的高血壓。

　　法國一個生物化學實驗室，透過合胞素基因的DNA序列，來研究這個蛋白質的結構。就如同林區的研究當中所看到的，當一個基因被定序出來，就可以把遺傳編碼傳送到電腦中，與其他生物所具備的基因序列進行比對。這種辨認出模式的交互檢查，能比對整個基因，也能找出其他基因序列中是否有類似的小片段。幾十年來，資料庫中的基因序列資料來自各式各樣的生物，小至細菌，大到大象，有數百萬份。比對工作揭露出許多基因是複製而擴大的基因家族，這在第五章談到了。在合胞素基因中，研究人員找尋的是其他相似的蛋白質，想說可以從中發現合胞素在懷孕期間發揮功能的方式。

發現的結果是個謎。搜尋資料庫後顯示的結果是，合胞素和其他動物中的蛋白質都沒有任何相似之處。在植物與細菌中也沒有發現到相似的序列。最後電腦比對出來的結果讓人驚訝與困惑：合胞素的基因序列，看起來非常像是某種病毒中的序列，並且像是造成愛滋病的人類免疫缺陷病毒（HIV）。這種病毒為什麼會有類似哺乳動物的蛋白質，而且那種蛋白質對於懷孕還很重要？

研究人員在繼續探究合胞素之前，要先成為病毒專家。病毒是狡猾的分子寄生物。它們的基因組非常精簡，只含有感染和複製所需的資訊。病毒入侵細胞後，進入細胞核，並且進入基因組本身。一旦進入 DNA 裡面，它們會接掌主權，利用宿主的基因組製造更多病毒，並且生產病毒的蛋白質而不是宿主的蛋白質。宿主細胞受到病毒感染後，就成為製造千千萬萬病毒的工廠。人類免疫缺陷病毒這類病毒，為了從一個細胞傳播到另一個，它們會製造出讓宿主細胞黏在一起的蛋白質。這種蛋白質能夠把細胞併在一起，並建立通道，病毒藉此可以從一個細胞移動到另一個細胞中。為了達到這個目的，那種蛋白質會位於兩個細胞的交界處，控制兩者之間的交通。聽起來似曾相識？當然，因為合胞素在胎盤中做了同樣的事情：合胞素把細胞併在一起，控制胎兒細胞和母體細胞之間的分子交通。

　　研究團隊越是深入，越是發覺合胞素其實是來自失去感染其他細胞能力的病毒。哺乳動物蛋白質和病毒蛋白質的類似性，引導出一個新觀念——在遙遠過往的某個時間，一個病毒入侵了人類祖先的基因組，這個病毒含有某種類型的合胞素，但它並沒有指揮細胞造出千千萬萬個病毒，而是遭受去勢，沒有感染能力，反而被新的宿主利用上了。人類的基因組是與病毒持續較勁的戰場。在合胞素這個例子中，因為尚未發現的機制，病毒中負責感染的部位被刪除了，其餘部位則被留下來製造胎盤所需的合胞素。病毒把蛋白質帶到了基因組中，本來是要攻擊基因組，後來卻受到劫持而為宿主效力。

　　科學家接著研究各種不同哺乳動物中的合胞素結構，發現小鼠的版本和哺乳動物的版本不同。比對了資料庫後，他們發現在不同的哺乳動物中，不同的病毒入侵產生了不同的合胞素。靈長類動物的來自入侵所有靈長類祖先的病毒；囓齒類和其他哺乳動物的來自另一個感染事件，使得牠們有不同版本的合胞素。結果就是：靈長類、囓齒類和其他哺乳動物，各有來自不同入侵者的不同合胞素。

人類的 DNA 並非完全繼承自祖先，入侵的病毒會插入基因組中，產生功用。人類祖先和病毒的戰鬥，也是眾多創新的起源之一。

死寂的記憶

強森・薛帕德（Jason Shepherd）小時候在紐西蘭與南非長大，經常用許多問題去煩母親，最後母親告訴他，要自己成為科學家去尋找答案。高中畢業後他決定從事醫學，開始上密集課程，以期在短短幾年內就同時完成醫學院預備學業以及醫學訓練。在第一年，他讀到了奧利佛・薩克斯（Oliver Sacks）的經典《錯把太太當帽子的人》（*The Man Who Mistook His Wife for a Hat*），這本書改變了他的一生。受到薩克斯的影響，他取消了原來的課程，改去研究讓腦部運作的分子和細胞。如他所說，他要追尋的目標是發現讓人類成為人類的原因。記憶與記憶的流失，成為他專攻的科學領域。人類回憶起過往的能力，往往決定了學習的內容、與他人的關係，以及如何在這個世界中生活。這可不是什麼偏狹的研究題目。神經退化疾病是目前人類社會正面臨的嚴重問題。在人類壽命增長的同時，腦部老化成為壽命增長的重要障礙。失去記憶與認知功能所造成的情緒、社交與財物損失，不可計數。

薛帕德在大學要畢業的那一年，因為神經生物學課的要求而去找一個論文主題，這時遇到了一篇談 *Arc* 基因的論文，這個基因和記憶的產生有關。小鼠在學習時 *Arc* 會開啟。此外，製造出的蛋白質會在腦中不同神經細胞之間的空間當中活動。看來 *Arc* 的確是對於記憶很重要的基因。

在薛帕德完成作業之後幾年，科技進展，讓研究人員能夠剔除小鼠的 *Arc* 基因。那種小鼠能夠活下來，但有多種缺陷。如果把牠們放在中央有乳酪的迷宮，牠們有辦法走迷宮找到乳酪，但是隔天不會記得迷宮的道路；而記憶力正常的小鼠卻能辦到。人類的 *Arc* 突變往往和許多神經退化疾病有關，包括阿茲海默症和思覺失調症。

記憶與 *Arc* 基因成為薛帕德研究生涯的核心。他進入研究所，與最早研究該基因的一位科學家學習。畢業後到發現 *Arc* 基因在基因組中位置的科學家那裡從事博士後研究。薛帕德滿腦子都是 *Arc* 基因：實際上如此，字面意義上也如此。

後來他成為獨立研究的科學家，在猶他大學建立自己的實驗室，設計實驗瞭解 *Arc* 蛋白質的運作方式。顯然這個蛋白質的功用，是把訊息從一個神經細胞傳遞到另一個，那些訊息對於學習和記憶都相當重要。他把蛋白質純化，分析結構，以期找到答案。

純化蛋白質要進行許多步驟，目的是把細胞中那個蛋白質以外的東西全部都去除掉。這個過程始於用化學的方式把組織（在這裡就是腦組織）弄得軟爛成為液體，接著從中取出想要的蛋白質，並且排除其他成分。含有蛋白質的液體會通過一些管子，好去除各種不同雜質。在最後的步驟中，會讓液體流過含有膠質的管柱，膠質會過濾最後的雜質以及其他蛋白質，之後液體中就只會有那種蛋白質了。薛帕德進行每個步驟，最後得到少量液體。他把這些液體倒入最後的管柱中，但卻沒有蛋白質流出來。他更換膠質重新做了一次，依然沒有蛋白質流出。顯然是阻塞了。研究團隊換了新管柱，但依然阻塞。他們改變了液體的濃度，問題還是沒有解決。

薛帕德實驗室的技術人員有個想法：或許是 *Arc* 蛋白質的特殊性質讓它在管柱中阻塞起來。得不到純化的蛋白質並非人為疏失，而是 *Arc* 蛋白質的結構特性造成了阻塞。薛帕德和助理把受到阻塞的液體用電子顯微鏡觀察，在超高倍率之下，結果看到了蛋白質的結構。那個結構之特殊，讓薛帕德看的當時大叫說：「到底是什麼玩意兒！」

Arc 蛋白質是中空的圓球，這種圓球大到可以塞在膠體的空隙中。他接受醫學院預備課程時見過類似的球體。有些在細胞之間感染的病毒，就長得和那個球體結構一模一樣。

薛帕德的實驗室在猶他大學醫學中心的研究區，所以他穿過建築、到研究人類免疫缺陷病毒的團隊那兒去。人類免疫缺陷病毒會形成蛋白質外殼，將遺傳資訊包裹起來，以這種形式在細胞間傳遞。薛帕德把電子顯微鏡照片拿給人類免疫缺陷病毒團隊的科學家看，讓他們判斷那些球體是什麼。人類免疫缺陷病毒的研究人員認為，照片裡的是一種類似人類免疫缺陷病毒的病毒，但無法找出這種蛋白質外殼與病毒外殼的不同之處。這兩者都由含有四條鏈的蛋白質構成，都具備相同的分子結構，甚至在摺疊與彎曲的原子結構上也是如此。解剖學家研究骨骼時會給予名稱，生物化學家也會對結構命名，那種彎曲的分子結構被稱作「鋅指關節」（zinc knuckle），是人類免疫缺陷病毒的一個特徵，*Arc* 蛋白質也有這種特徵。

顯然 *Arc* 蛋白質來自與愛滋病毒相同的病毒，這兩種蛋白質發揮的功能也完全一樣：包裹一些遺傳物質，然後從一個細胞移動到另一個細胞。之前看到的合胞素也來自類似愛滋病毒的病毒，只是方式不同。

薛帕德的團隊和遺傳學家合作，描繪了 *Arc* 的 DNA 圖譜，並且比對了動物的基因組資料庫，看看是否有其他動物也有這種基因。在研究這個基因結構與分布的過程中，古代病毒感染的事件曝光了：所有陸生動物都有 *Arc* 基因，魚類則沒有。這代表在三億七千五百萬年前，有一個病毒進入了所有陸生動物的共同祖先基因組中。我認為最早受到感染的動物，會是提塔利克魚的近親。一旦病毒融入了宿主，宿主就會利用病毒的能力，製造特殊的蛋白質，也就是自己的 *Arc* 版本。通常這種蛋白質是病毒用來讓自己在細胞之間散播的，但宿主卻在腦中用來促進記憶。因此，有了這種病毒的個體，像是得到了某種生物性天賦。病毒遭劫持後，失去繁殖能力、受到馴化，為腦部帶來新的功能。人類能夠閱讀、書寫和記憶生活中的時光，是因為最初魚類在登陸的過程中，受到了古老病毒的感染。

薛帕德參加了一場神經科學與行為的研討會，迫不及待要發表這項新發現。在上台之前，他聽到有位研究果蠅的科學家發表演說，她指出果蠅有 *Arc*，而且和在人類當中的一樣，*Arc* 蛋白質在神經元之間發揮作用。除此之外，果蠅的 *Arc* 蛋白質形成的圓球，能把分子從一個神經細胞運送到另一個。不過果蠅的 *Arc* 蛋白質好像是來自與陸生動物不同的病毒。果蠅是從不同的感染事件得到這種蛋白質的。

　　基因組是如何避免病毒的感染，並且能夠馴化病毒來使用的呢？答案現在還不清楚，但是可能的方式有好幾種。設想在不同狀況下的某病毒和某宿主；如果病毒的感染力很強，宿主就會死亡，病毒將也無法代代相傳。但若病毒不會造成症狀，甚至能帶來好處，就能進入基因組中存留下來。如果進入的是精子或卵子的基因組，就能把自己的基因組傳遞給宿主的後代。長此以往，如果病毒帶來的利益很高，例如讓宿主的胎盤效能增加或是記憶力增強，自然選擇就會讓病毒穩定下來，更有效地發揮作用。

　　基因組是 B 級電影，像是滿滿鬼魂的墓園，到處都有古代病毒的片段。有人估計，人類基因組中大約 8% 是死亡的病毒，最新的估計則是約有十萬個。近五年來我們發現到，某些病毒化石依然具備功用，製造出有助於懷孕、記憶和其他無數活動的蛋白質；還有些病毒化石就只是位於基因組中，像是屍體一般慢慢地敗壞和消逝。

　　基因組中總是充滿爭鬥。有些遺傳物質盡可能地複製自己。它們可能是外來的入侵者，像是進入基因組並且想要占為己用的病毒；它們也可以是基因組中本來就有的部分，例如跳躍基因會複製並且到處移動。偶爾，當這些自私的遺傳單元在特殊的區域落腳，就能用來產生新的組織（例如子宮內膜），或是讓新的功能出現（例如記憶與認知）。在短短的數代中，遺傳突變能夠傳播得很廣，遍布整個基因組。如果病毒傳染了不同種類的生物，類似的遺傳改變會各自在這些生物中出現。

———————

　　在那次因為高德施密特發生了尷尬事件後，我和麥爾的週四茶會依然持續了兩年。在後來的茶會中，我發現麥爾勉強認定了高德施密特的工作方向——把遺傳學與發育生物學的實驗，連接到化石紀錄中的重大事件。到了 1980 年代中期，他知道分子生物學將會帶來變革，因此鼓勵自己圈子內的研究生，要持續關注這個領域中的研究。

　　就如同莉蓮·海爾曼在這種狀況中可能會說的：「沒有哪件事是在你所想的那時或那處開始的。」基因組並非穩定不動的絲線；它們會扭曲翻轉，其中有基因跳躍，也有外來病毒的攻擊。遺傳突變會散播到基因組中，到不同的物種裡。基因組中的改變可以很迅速，不同的生物中會發生類似的遺傳改變；而不同物種的基因組能夠融合，打造出新的生物功能。

7

丟骰子吧
Loaded Dice

　　研究所最後一年，我為了付帳單，白天在學校當助教，晚上擔任化學系的警衛。化學系建築在凌晨三點只會有一些夜貓子出沒，所以除了巡邏時間之外，我可以安靜地享受夜晚時光，看些經典的古生物學論文。輪完晚班後，白天我會進行自己的研究，然後在學生眾多的課堂上擔任古生物學助教。這段期間當中，我接觸到許多偉大的概念和激烈的爭論。有個不錯的地方是，我的主要工作是在古爾德廣受歡迎的生物史課程中，擔任眾多助教中的一員。

　　1980 年代中期，古爾德成為公眾矚目的人物，因為他以古生物學家的身分，配上激進的立場，加入了新種出現以及演化變化的爭議中。他在大學開的課，學生大約有六百人，因為屬於選修課，其中有許多學生的主修科目與科學無關。這門課的學生剛好成為古爾德理想的焦點團體，用來測試他的新理論以及說明方式帶來的反應。秋季學期每週二與週四的課堂上，他滔滔不絕地以戲劇性的方式上課。前排學生全神貫注地聆聽，後排學生則睡得東倒西歪。

　　這段時期，古爾德思考的是生命史中的劇烈變動。過去五億年來，發生過五次全球生物大滅絕的事件，其中最有名的一次造成了恐龍時代的終結。大約在六千五百萬年前，恐龍、海洋爬行動物、翼龍和其他許多居住在海洋中的無脊椎動物滅絕了，全世界的植物多樣性也大幅下降。留存在岩石中的證據指出了可能的原因：一個大型的小行星撞上了地球，使得全球氣候產生劇烈改變，導致全世界生態系崩潰，很多動物迅速滅絕。恐龍和其他的動物消失，讓哺乳動物興起，因為世界上沒了大型掠食者和競爭者。

　　在一堂課中，古爾德提出一些「如果……會怎樣」的問題，像是「如果小行星沒有撞上地球，恐龍和其他生物都還活著會怎樣？」「如果歷史上那些意外事件沒有發生，現在的世界會怎樣？」之類與現實狀況不符的問題。這門課開在寒假之前，學生每年會在放假期間去看法蘭克・卡普拉（Frank Capra）執導的《風雲人物》（*It's a Wonderful Life*），[1] 開學後的第一堂課，古爾德會引用該片的內容：片中主角喬治・貝利（George Bailey）準備從橋上跳河自殺時，天使來了，讓他進行時光旅行，看到他如果自殺對家鄉的影響。若沒了貝利，位於紐約州的家鄉貝福瀑布鎮會沒落。古爾德把小行星撞地球的影響引喻為喬治・貝利，地球上的生物則是貝福瀑布鎮的居民。如果

----

1. 譯注：勵志的老電影，歐美傳統上會在耶誕夜播放。

六千五百萬年前小行星沒有撞上地球，恐龍可能會續存，哺乳動物就無法像現在這樣繁盛。事實上，如果沒有一顆大岩石隨機撞上地球，人類也不會存在。

　　過去四十億年來，發生了許多意外事件，因此現在才有人類；那次撞擊只是其中之一而已。就如同我們的生活受到許多隨機發生的事件、對話和機會所影響，生命的歷史也受到宇宙、地球和基因組改變的影響。古爾德上課的內容後來寫入了他的暢銷書《奇妙的生命》（*Wonderful Life*）中。在這本書中，古爾德把他這個「如果……會怎樣」推廣到生命史中的各個重大時刻。我們現在看到的大自然，包括人類自身的存在，都是億萬年來意外事件的結果。如果這些生命史中的事件重現，其中只要有一點小差異，現在這個世界（包括人類的存在）可能就會有重大的差異。

　　最近科學研究的結果指出了不同的結論。生命事件如果發生了不同的意外事件，某些結果可能也不太會改變，將近一個世紀的研究也同樣支持這一點。

退化現象

　　雷・蘭克斯得爵士（Sir Ray Lankester，1874~1929）的身材高大、體型壯碩，是個喋喋不休、堅持己見、好鬥成性的人。他的父親是醫生，從小就鼓勵他要探索自然世界，因此蘭克斯得從小就想成為科學家。1860 年代，他在牛津大學接受科學訓練，師從當時最頂尖的科學家。

　　達爾文出版了《物種源始》後，赫胥黎因為積極捍衛達爾文的理論，而有了「達爾文的鬥犬」此一稱號。蘭克斯得也這樣對待赫胥黎，為了捍衛赫胥黎而非常凶狠好鬥，因此最近有些科學史家把他稱為「赫胥黎的鬥犬」。他極好爭論，通常怒氣沖沖，有的時候赫胥黎還得要他平靜下來。

　　蘭克斯得所處的維多利亞時代有許多超自然論述，他一直熱衷於揭穿這些假象。著名的事件是揭穿美國靈媒亨利．史萊

雷．蘭克斯得爵士

德（Henry Slade）在倫敦舉辦的降神會。在降神會中，史萊德
會從桌下抽出一塊黑板，上面寫著來自靈界的訊息。蘭克斯得
在某一場降神會中，利用自己高大身材的優勢，在開始前就抓
到上面已經寫好訊息的黑板。蘭克斯得還積極地讓史萊德受到
起訴。

　　對於懷疑論與揭發詐騙的這股熱情，同時也推動了蘭克斯
得的科學生涯。離開牛津之後，他在那不勒斯的動物學研究站
接受解剖學訓練，成了海洋貝類、螺類與蝦類的專家。在他的
研究中，這些生物的構造充滿了驚奇。他樂於相信從中發現的
證據，並從證據推導出論點，不論那些論點有多新奇。

　　達爾文之後的解剖學家會在不同的物種間找尋相似之處，
他們認為相似特性中隱藏著共同祖先的線索。達爾文認為，不
同物種間結構上的相似性，是牠們擁有共同祖先的證據。赫胥
黎則認為，有一群魚類是陸生有足動物的近親，因為那些魚的
鰭中有類似四肢的骨骼。他和其他人利用類似的方式，從身體
構造上說明鳥類和哺乳動物，與多種爬行動物的親緣關係相
近。這種推理方式會得出明確的推測結果：親緣關係接近的生
物形狀，應該會比較相似；親緣關係疏遠的，就會比較不同。

　　不過，蘭克斯得看到了一些例外。他專注在一個其他科學
家沒看到或是忽略的事實上。他研究海洋動物時，發現到其中
有許多在演化的過程中，不是得到新的特徵，而是失去一些原
有的特徵，也就是去除了一些結構後變得更簡單，但可以用新
的方式生活。蘭克斯得稱之為「退化」（degenerating）。他注

意到，如果動物演化成寄生類型，就會變得比較簡單，身體某些部位消失，而且往往是整個器官都不見。蝦子有尾巴、外殼、眼睛和神經索，但是居住在其他動物腸胃道中的寄生蝦類，幾乎看不到這些結構；牠們沒有了殼、眼睛，甚至許多消化器官也不見了。

蘭克斯得對於退化的研究，讓他得到更基本與重要的結果——那些寄生蝦類不論居住在地球上何處，或是寄生在宿主的哪個部位，例如魚的腸道或是鰓中，失去的身體部位總是相同的。其他的退化現象也是；住在洞穴裡的動物，不論是魚類、兩生類或是蝦類，失去的器官讓牠們在黑暗的洞穴中生活得更有效率，這可能是因為省下了製造與維持無用器官所需的能量。讓人驚訝的是，不同的物種各自以相同的方式演化：失去體表顏色、沒了眼睛、附肢也變小了。

退化現象最顯著的案例是蛇沒了四肢，只有少數蛇類還留有一點殘跡。蛇的身體不是只少了四肢，還包括脊椎骨和肋骨增加，使得身體增長。由於蛇以滑動的方式運動，這樣四肢便無用武之地了。

蘭克斯得知道不是蛇才會有蛇般的身體，有許多種類的蜥蜴四肢也很短小，而身體很長。蚓蜥（amphisbaenian）這種蜥蜴，與蛇的親緣關係很遠，但是身體很長而且也沒有四肢。你可能很難區分出到底是蛇還是蜥蜴，不過牠的頭部結構和蛇類相差很多。類似的現象在兩生類中也有；無足類（caecilian）身體很長，沒有四肢。在不同的動物中，不同的特徵以相同的方式演化出來。

在人類世界中，各自的獨立創新卻擁有共同模式，也是尋常現象。不論是電話、溜溜球，還是演化論，大約在同時由不同的人發明出同一個理念或是技術，這已是慣例。可能是因為時機成熟了、或是某個技術出現長足的進步，或是有某種深不可測的規則讓理念或創新出現。不論原因為何，在人類付出心力的某些領域中，重複發生可說是某個基本規則，在生命世界中也是如此。

生物中的重複現象揭露了大自然內部運作的方式。為了要瞭解這一點，我們得回頭看看迪梅里研究的小動物。

從蠑螈看到的世界

加州大學柏克萊分校的大衛・韋克（David Wake）說話溫柔，舉止斯文，絕不會有人認錯為蘭克斯得，但他 1960 年代以來的研究所帶來的影響卻一樣深遠。蘭克斯得的專長是海洋動物，韋克的科學生涯則獻給了蠑螈。

人類若擁有一些蠑螈的生物特性就太好了。蠑螈的四肢若被切下一個，能完整地長回來，包括其中所有的肌肉、骨骼、神經和血管；蠑螈的心臟和脊髓若是受損，也能重新長好。牠們還有一些新特徵，包括有好幾種不同的毒腺，以及捕捉獵物的方式。來自世界各地幾十個國家的研究生和資深科學家，都

大衛・韋克在墨西哥尋找蠑螈

到柏克萊分校學習蠑螈的生物學。韋克是當代的迪梅里,從相
貌簡單的蠑螈發掘出重要的生物學見解。

　　經由迪梅里的研究,我們知道蠑螈通常生下來在一種環境
中生長,之後轉移到另一種環境中生活。許多種類的蠑螈在水
中產卵,變態之後在陸地上生活。這種轉變使得牠們的生活發
生了天翻地覆的改變,特別是在食物的種類上。

　　一般來說,掠食動物分成兩類。大部分的掠食動物把嘴湊
到獵物身體上,獅子、獵豹和鱷魚不是去追逐獵物,就是靜靜
地等待獵物經過,然後撲咬上去。另一種掠食者則使用相反的
方式,把獵物一整個納入口中。成年蠑螈就屬於後面這種。

　　在水中生活的時候，蠑螈藉由吸水，把昆蟲和其他小型節肢動物吞入口中。牠們的喉嚨底部有塊小骨頭，加上其他在頭顱頂部的骨頭，能夠使口腔膨大、產生吸力，然後吞入水和水中獵物。這個策略對於生活在水中的兩生動物很管用，但在陸地上就無法發揮了。陸地動物要以噴射引擎般的強大力量吸入空氣，才能夠把沉重的獵物吸到口中，但根本不可能有那樣的身體。

　　蠑螈在陸地上運用了多種技術讓食物進入口中。有些種類的蠑螈會把舌頭伸出去捲起獵物，再收回口中。牠們伸出來的舌頭大約是體長的一半，能在黏住小昆蟲後，送回嘴巴裡。蠑螈有兩種特徵去完成這項特技：射出舌頭的機制，以及捲回舌頭的機制。那個特殊的舌頭可說是大自然最神奇的發明，雖然看起來深奧難解，卻能讓人瞭解地球生物的驚人構造。這個系統的美麗與重要性來自結構上的細節，因此我們需要瞭解蠑螈的身體結構。

　　要理解蠑螈舌頭快速伸出的動作，你可以試試自己的舌頭。各種肌肉間的複雜作用讓這個動作得以執行。人類的舌頭基本上是包裹結締組織的一群肌肉、上面再覆蓋味蕾而形成的。有另一群肌肉把舌頭連接到位於下顎和喉嚨的骨頭上。用舌頭舔舐，得使用到舌頭內部的肌肉，才能讓柔軟的舌頭變硬，並將原來扁平的舌頭伸長。在此同時，舌頭外連接的肌肉也要出力，舌頭才能伸到嘴巴外。讓舌頭伸出來的重要肌肉中，有一條位於下巴、連接到舌頭底部。這條肌肉稱為核舌肌

（genioglossus），當它收縮時，舌頭就會伸出嘴巴。

人類在說話和飲食的時候會用到核舌肌。事實上，外科手術有時會透過調整核舌肌，來治療打鼾問題；當這個肌肉緊縮時，舌頭在靜止狀態下會往前移而遠離喉嚨。調整之後，舌頭就不會在睡眠時阻礙到呼吸道，如此能避免打鼾，並且減少睡眠呼吸中止症（sleep apnea）的發生。

儘管人類確實可以因為擁有說話能力而自豪（當我們說話時，牽涉到舌頭和核舌肌的運動），不過想要用舌頭捕捉飛行中的昆蟲，那可就完全無望了。人類伸出的舌頭沒有長到並快到能捕捉些什麼。有鑑於人類的社會規範和食物內容，這應該是件好事；但是對於蠑螈來說，事情可不是這樣。

許多蠑螈也都具備核舌肌，這在進食任務上十分重要。許多蠑螈的核舌肌長得像是一根帶子，收縮時能讓舌頭整個都伸到口外；這種伸舌頭的方式在蠑螈中最是普遍，但在伸舌頭的競技場上，這連熱身動作都算不上：是了不起，但完全比不上其他神奇的機制。核舌肌收縮的速度受到物理的限制，這限定了舌頭能多快伸出來——可以很快，但沒快到捕捉飛行中的昆蟲。

游蛇螈屬（*Bolitoglossa*）的蠑螈，是韋克專門研究的對象。牠們的舌頭長度是體長的一半，能夠在千分之二秒鐘內就收回舌頭。看牠們獵食的過程讓人眼花撩亂，即使在 YouTube 上看慢動作影片亦然。這種動作驚人之處在於蠑螈肌肉收縮的速度不像舌頭射出的速度那般快；牠們射出舌頭的速度超過肌肉伸縮速度的極限。這些蠑螈似乎打破了物理定律。

　　韋克和他的一個研究生艾瑞克・蘭巴德（Eric Lombard）在 1960 年代，花了將近約十年的時間，專心研究這些舌頭，好瞭解其中運作的方式；當然更重要的是，這些舌頭是怎麼出現的。他們解剖各種蠑螈的舌頭，仔細探究每一根肌肉、骨頭和肌腱。他們用鑷子拉動各個骨頭和肌肉，以瞭解這些它們如何讓動作產生。幾十年後，韋克的一位研究生為了研究那些肌肉和骨頭如何共同運作，用高速攝影拍攝了舌頭運動的影片，達成這個看似不可能的任務。

　　韋克發現，蠑螈的舌頭運作像是極端精巧的生物槍枝。舌頭高度特化的蠑螈並不是伸出舌頭，而是像是子彈般射出舌頭，只是這個子彈有條帶子連接。還有更奇特的是，那個射出去的是個小塊鰓骨，上面具備有黏性的構造。實際上，蠑螈是在眨眼之間把一部分的鰓射出到半個身體以外的距離外，然後一樣厲害的是以同樣的速度縮回來。

　　在有這種舌頭的蠑螈身上，核舌肌完全消失了。這個肌肉收縮的速度太慢，會妨礙舌頭射出。同時，在大部分的蠑螈中，鰓骨固定在頭部，當作是鰓的基部。但是會彈射舌頭的蠑螈就完全不同，牠們的鰓骨沒有和顱骨連接在一起，而是連在舌頭上，當成是子彈那般射出。

　　要瞭解蠑螈射出舌頭的方式，可以想像用拇指和食指捏著一個西瓜籽射出。西瓜籽是黏的，前端尖尖的。當你兩根手指用力擠壓時，西瓜籽會高速射出去。蠑螈的舌頭也是這樣。周

圍的肌肉會擠壓桿狀的鰓骨，讓骨頭變得尖尖黏黏的。當肌肉
收縮時，骨頭噴射出去，就像西瓜籽一樣。

　　在射出去的舌頭中，兩根鰓骨膨脹開來，有點像是音叉，
上面有朝向後端的尖齒。這種長骨頭滑潤且一端尖細，就像西
瓜籽一樣。包裹骨頭的收縮肌沿著骨頭的長軸分布。當這些肌
肉收縮時，受到擠壓的骨頭就會從嘴巴噴射出去，讓舌尖和鰓
骨擊中目標。如果整個過程順利，舌尖就會抓住昆蟲，並縮回

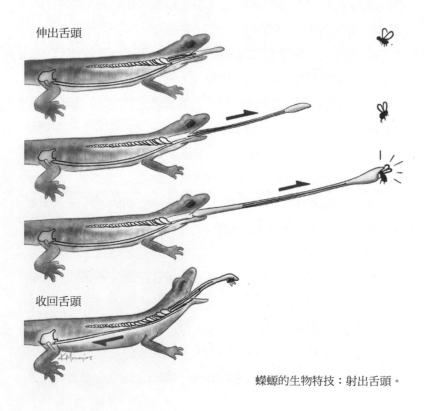

伸出舌頭

收回舌頭

蠑螈的生物特技：射出舌頭。

口中。

如果舌頭射出去抓到了昆蟲，卻沒辦法順利將舌頭和昆蟲收回口中，對於蠑螈來說一樣沒好處。想到蠑螈無法把舌頭收回口中的模樣，或許很搞笑，但是這種狀態是可能致死的，既容易被掠食者的發現，也無法順利取得食物，這樣的蠑螈離死亡已經不遠了。解決的方式很聰明。所有的蠑螈肚子裡都有一片長肌肉，從臀部連結到鰓。這些肌肉通常用來支撐身體，但在能夠射出舌頭的蠑螈體內，有兩束肌肉纖維合併起來，形成一條肌肉，連接臀部和舌頭上特殊的鰓骨。那就像是根橡皮筋，鰓骨射出去後，這條肌肉會把它拉回來。

這種複雜的生物器官並沒有牽涉到新器官或是骨骼的產生，而是改變骨骼與肌肉原先的用途後，有了全新的功能。在其他蠑螈身上，射出舌頭的肌肉原本用於吞嚥，但在這種蠑螈身上，原本用來當成鰓底座的骨頭成了子彈，核舌肌為了讓子彈容易射出而消失了，腹肌則成為能夠收回舌頭的橡皮筋。這些部位功能的改變造就了自然奇蹟，這項奇蹟來自於許多部位的新特性。

蠑螈的舌頭本身就是奇蹟，但維克的研究卻發現到其他更不尋常的事情。

韋克的研究專長是用 DNA 建立蠑螈的演化譜系，以瞭解各種蠑螈之間的親緣關係。他繼承了由祖克康德和鮑林建立的傳統，比較不同物種的 DNA 序列，估計個物種的演化時間與地點。他幾乎得到了所有種類蠑螈的組織樣本，建立起目前最完整的演化譜系。但結果讓他大吃一驚。

最會噴射舌頭的蠑螈，彼此之間的親緣關係並沒有特別靠近。事實上，那些蠑螈不但在演化譜系上分隔得很遠、各有不同的祖先，棲息的場所也很遙遠。噴射舌頭這項新能力，需要頭部與身體許多變化彼此巧妙地搭配，才得以出現。這種生物創新至少獨立出現了三次，可能還更多，但其中核舌肌都消失了，鰓骨都變化成為子彈，腹部的肌肉都像橡皮筋一樣會把舌頭拉回口中。這些舌頭正是蘭克斯得的生物重複現象之絕佳證例。

高度特化的器官在不同的物種中各自獨立出現，這並不是巧合。具有這種特性的物種都具備了一些特徵；絕大部分的蠑螈都有鰓骨以利呼吸，也能張嘴把空氣吸入肺中。牠們在幼態時期倚重鰓骨幫助進食，因為移動這些骨頭的能夠產生吸力讓食物進入口中。如果鰓骨對於呼吸與進食來說是必須的，那麼又怎麼能夠用來當成子彈？那些舌頭子彈噴得最遠的蠑螈既沒有肺臟，也沒有幼態階段。少了這兩個，鰓就不需要具備原本的功能，而有了新型態，成為捕捉獵物的飛彈。

但是這種特性是如何重複出現的？這對於我們瞭解生物內在的運作方式有什麼啟發？

混亂也是一種訊息

和大部分的人一樣，科學家也厭惡混亂。科學家喜歡圖表中的點好好位於直線或是曲線上，我們都渴望實驗有明確的結果，理想中的觀察結果要乾淨漂亮，與預期完全一致。我們都喜歡訊號，厭惡雜訊。

　　研究演化譜系時也是一樣。建立演化譜系的工作，有點像是找出界定自然界中物種的要素：找尋動物共有的特徵。某個物種具備的獨有特徵越多，就越容易和其他的物種區分出來。舉例來說，每個人都能說出海鷗與貓頭鷹的不同，兩者之間的差異讓人能夠區分，比如貓頭鷹的臉是圓的，海鷗的喙和身體顏色與貓頭鷹不同。不同類群的物種之間的共通性在於有相同的特徵，從相同的 DNA 到相同的結構等。人類有其他靈長類所沒有的特徵，靈長類具有其他哺乳動物不具備的特徵，哺乳動物具有絕大多數爬行動物不具備的特徵，以此類推。

　　蘭克斯德發現到一個「先有雞還是先有蛋」的問題：那些相似的特徵要如何判別是獨立演化出來的，還是真正反映出親緣關係的相近？如果蠑螈舌頭那樣精密複雜的細節都可以獨立演化出來，我們又怎麼能信心滿滿地說，有哪些特徵可以當成釐清親緣關係的證據？事實上，蠑螈的舌頭構造只是全貌的一部分。在其他器官上也出現了重複現象。

　　所以說，世界頂尖的蠑螈專家要如何研究蠑螈的演化？韋克和其他相同領域的大多數專家一樣，在實務上並不使用身體結構作為區分親緣關係的指標。因為不論收集到再多資料，都清楚顯示出世界各地的蠑螈，在不同時間各自演化出相同的特徵。這種一片混亂的生物重複性不只是煩惱之源，也讓人看見了一些更基本的事情——我們所認為的噪音雜訊其實也是訊息；如果演化中有些方向並不會受到隨機事件的影響，那會怎麼樣呢？

　　生物中重複性產生的方式有兩種。第一種是因為解決問題的方式本來就有限。拿飛行來說好了，任何能夠飛行的生物都需要大面積的結構，以產生升力，因此所有能飛的動物都有翅膀。鳥類、飛翔爬行動物、蝙蝠和果蠅等的翅膀看起來都很類似，但其中的結構不同。我們也能研究其中各自不同的演化史。鳥類翅膀的骨骼結構不同於蝙蝠與翼龍的。蝙蝠的翅膀是在五根長指頭之間長出皮膜而形成的；翼龍翅膀中的主要骨骼是很長的第四指；昆蟲的翅膀又截然不同，是以完全不同的組織支持的。物理必然性加上歷史，讓這些結構發展出來。每種結構都是翅膀，但是構造上的差異，反映出哺乳動物、鳥類、爬行動物和昆蟲的演化史各自不同。

　　這種物理必然性的案例很多，通常被早期的解剖學家冠上了「法則」之名。喬爾‧阿薩夫‧艾倫（Joel Asaph Allen）在 1877 年提出了「艾倫法則」（Allen's Rule）：在越寒冷地區生活的溫血動物，附肢（四肢、耳朵、鼻子之類的）要比生長在溫暖地區來得短；他給的解釋是因為避免熱量散失——附肢較長，流失的熱就會更多。類似的還有「柏格曼法則」（Bergmann's Rule），由卡爾‧柏格曼（Carl Bergmann）在 1844 年所提出，內容是生活在比較寒冷地帶的動物，體型往往大過在溫暖地區的動物。其中的限制因子也是熱量的流失；因為體型小的動物，身體表面積相對較大,因此比較容易流失熱量。艾倫法則和柏格曼法基本上符合我們對於不同地區的不同種類動物的觀察結果。

　　還有另一個讓重複性出現的因素。達爾文認為,在族群中沒有兩個個體是相同的,總是有某些變化讓其中一個在當下的環境中更成功,也就是更活躍而且有更多後代。這些差異是天擇演化的基礎——只要族群中有變異存在,其中有些變異影響了個體在當下環境中的成功,演化改變就是不可避免的結果。但是天擇要能夠作用,首要在於族群中具有多樣性;如果個體之間沒有任何差異,也就不會有演化。那麼,如果變化全都偏向於某個方向會怎樣?如果遺傳和發育的指令讓某些身體與器官的建造方式比其他方式更容易,會有什麼結果?如果真是這樣,知道了動物在發育時期器官成長的方式,或許有助於我們預期族群中這些器官的變化,進而瞭解這些器官的演化過程。

冰凍的腳

　　我在哈佛念完研究所後,往西搬到了加州大學柏克萊分校,在校園中著名的動物學和古生物學博物館裡做研究。幾週之後,受到韋克對於蠑螈的熱情的影響,我開始設想與他的團隊共同研究的計畫。我來到加州的目的,除了因為那些博物館和蠑螈之外,另一個原因是想要居住在不同的氣候帶。我在劍橋和麻州生活了五年，夏天在格陵蘭和加拿大進行野外工作，這些都讓我想要遠離黑暗與寒冷，沐浴在加州的陽光之下。

但我卻沒有好運得到陽光。我抵達加州不久，柏克萊地區就發生了僅見的嚴重寒流。我很快就發現到，就算在格陵蘭的帳篷中也比不上加州遇到寒流的寒冷。當地的房子和人，包括我在內，都沒有任何禦寒設備。整個城市的水管全都結凍，因此只好進行供水配給。在當時我還不知道，加州的驟寒會影響我對生命史的想法。

在寒流中的某個時間，我前往了韋克的實驗室，應該是想要暖個身子並且把水壺裝滿吧。那時韋克剛好與在雷斯岬國家海岸公園（Point Reyes National Seashore）公園管理處的同事通完電話。寒流嚴重影響到公園中的淡水池塘，數十年來那些池塘第一次結冰，對於突然下降的溫度，動物和人類一樣毫無準備。對方打電話過來告知說，池塘中的數千隻蠑螈全都凍死了，問我們要不要收藏到博物館中。那些動物死於天災，說不定科學人員能夠加以利用。

我們現在有超過千隻的蠑螈可以研究了。我在哈佛大學的時候研究過蠑螈的肢體，知道牠們的前肢和後肢在胚胎中的發育過程。由於我很有興趣，我們便想出一個計畫，專門研究這些蠑螈的後肢，以瞭解其中骨骼的構造。一隻蠑螈有兩個後肢，我們現在大約有兩千多個後肢可以研究了。

對於有兩千多個後肢可以研究這件事感到興奮，是其來有自的。之前我才在古爾德的課上當助教，很想要知道演化到底是意外構成還是必然的結果。我們到處都看到生物重複性，不論是舌頭還是退化現象，不論是在蠑螈身上還是在蝦子身上。事實上，越去研究這個現象，就會發現越多這種現象。韋克發現，蠑螈後肢的演化也有幾個特定方式，就如同舌頭那樣；不同種類的蠑螈各自以相同的方式演化。

藉由寒流之助，我們有了某種蠑螈單一族群的數千個後肢。我們的想法是研究這些後肢的模式，以瞭解個體之間的變異；這種變異就是天擇演化的材料。現在我們可以提出一個核心問題：在族群中，變異會偏往某個方向嗎？重複性之所以出現，難道是因為作為天擇材料的個體間差異並不是隨機產生的嗎？如果各種後肢的各種形狀出現的可能性都相同，那麼我們在雷斯岬得到大量的凍死蠑螈當中，應該會看到變異是隨機出現的吧。但是或許變異有某種內在的偏向，把演化朝某個方向推動。

在兩億年的演化過程中，蠑螈的後肢演化如同蘭克斯得所說的出現退化：結構變得簡單而非複雜。不論是在中國、中美洲或是北美洲的蠑螈，骨骼中有些特徵重複出現了。首先，指頭的數量往往減少，而且少的是同一個指頭。蠑螈的前肢或後肢如果少了指頭，總會是小指頭，絕不是拇指。第二個模式是，往往演化成腕部和踝部的骨頭融合在一起。蠑螈腳踝中有九個骨頭，有骨頭減少這個特點的蠑螈，往往以很獨特的方式少掉骨頭，也就是骨頭融合在一起。如果祖先有兩個分開的骨頭，後代可能變成有一個比較大的骨頭。維克注意到這種融合的模

式並非隨機出現的；特定骨頭的融合一次又一次發生，其他的
骨頭則從不會融合。

在博物館、動物園，甚至在野外，科學家往往很難得到同
一物種的千具骨骼。因此這個數量的樣本是個寶藏，因為它多
到能夠產生具有統計意義的結果，可用來檢測概念是否正確。
我們能夠檢驗變異是否有某種偏向，影響了蠑螈的演化。不
過，這個研究的困難在於觀察後肢的內部。

我們不能用 X 光，因為蠑螈的骨骼由柔軟的軟骨組成，
用標準的 X 光幾乎拍不出來。由於蠑螈的數量實在太多，也
不能使用電腦斷層掃瞄，那樣花費實在太高，因為我並沒有把
蠑螈納入我的健保範圍內。我們後來採用了一個簡單的技術，
結果也很棒。我們準備了一盆酒精、一盆水以及一些化學染劑；
在接下來的幾週中，我們把蠑螈從一盆液體中換到另一盆，讓
那些液體有時間滲透到蠑螈的身體組織中。最後一盆液體中含
有能夠附著在軟骨上的特殊藍色染料，讓所有軟骨都變成藍綠

透明的蛙類身體，骨頭染色了。

色。接著在最後一個步驟中，把蠑螈浸泡到透明黏稠的甘油液體中。甘油會滲透到身體組織，讓身體變得如玻璃般透明。對於比較大的蠑螈來說，整個過程要花上數週。如果一切操作無誤，最後會得到怪異又美麗的標本。蠑螈的身體透明、骨架是藍色的，整個看起來像是把藍色骨架置入了玻璃當中。

我們花了兩年時間才把數千隻蠑螈處理完畢，並且為每個標本的肢體編號，並且記錄下骨骼的形狀，以及是否有融合或消失的骨頭。

我們發現變異並非隨機的，答案就如同在甘油中的蠑螈身體那般清晰。骨骼融合，而且特定的指頭會消失。除此之外，在這個雷斯岬的蠑螈族群中，我們也見到了如同中國、墨西哥，甚至美國北卡羅萊納州蠑螈種類那樣的變異模式；有些融合的形式常常出現，其他的則否。在這些不同的蠑螈中，我們看到一些模式重複出現。

這項結果除了意外／必然這種二分法之外，還能指出其他關於蠑螈生物特性方面的事情嗎？

我當研究生的時候，研究了蠑螈四肢的發育過程。在觀察骨骼形成的過程時，可以清楚看到有一定的過程。指頭會依照確定的順序形成，最先是第二指，然後依序是第一指、第三指、第四指，最後是第五指。我之前見過這個順序——演化時指頭的消失，也完全依照這個順序。演化中最先消失的指頭，是發育過程中最晚形成的，而第二根消失的指頭是是發育中次晚出現的。看來指頭消失也是有規矩的：最後形成的最先消失。

　　腕部和踝部的軟骨發育也有明確的程序，是從一個軟骨上
長出另一個。一個骨頭首先形成，然後從上面像是冒芽一樣長
出另一個。這兩個骨頭分開時，各自又有新骨頭從上面長出
來。這種長出再分開的模式，形成了完整的九個獨立分開的骨
頭。不同蠑螈種類中骨頭融合的現象，都是因為新長出來的骨
頭沒有和原來的骨頭分開。

————

　　在這個神祕的解剖與發育現象背後，隱藏一個簡單又影響
深遠的道理。如果你瞭解蠑螈肢體的發育過程，就能預測可能
的演化方向。指頭形成的順序，以及腕部與踝部的骨骼如芽一
般的生長模式，決定了某種改變的途徑更容易出現。最後形成
的最先失去，解釋了我們在蠑螈指頭上發現的變異。骨骼融合
也不是隨機的，從那個骨頭長出來的另一個骨頭，會融合回
去。

　　可以把胚胎發育的過程想像成建築過程。如果你是建築工
人，你蓋房子的方式與有哪些建築材料，會影響你蓋出的房子
樣式；有些樣式的房子更容易蓋出來。我們研究冷凍的蠑螈後
肢時，也看到相同的道理。這些結構形成的過程，使得某些創
新和改變更容易出現。

　　蠑螈後肢退化的模式反覆出現，長久以來一直被認為是生
物演化史中難解的現象，幾乎就像是偶爾發生的怪異事件。不

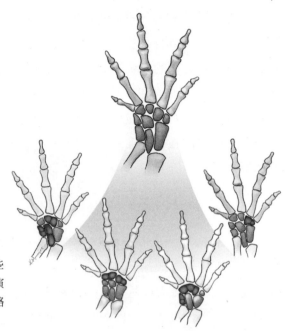

蠑螈肢體失去了一些
部位,圖中顯示了演
化過程中相鄰的骨骼
會融合在一起。

過當我們深入研究,就漸漸瞭解到那是新特徵出現的一種尋常
方式。許多例子都指出了隱藏在深處的規則,以及生物在發育
過程中身體結構產生的偏向。如果動物在身體形成的過程中,
差不多使用了相同的基因版本,甚至整個遺傳指令,那麼動物
界中重複現象一再出現,也就不足為奇了。生命史中重大新特
徵的出現,可能來自種種因素,但絕不會是意外。

　　演化之路並非由隨機改變所開拓的綿連道路。在歷史的過
程中,不同物種往往採取不同的方式抵達相同的地方。如果用
古爾德的說法,就是在不同又難以預料的環境中,如果讓生命

演變的過程重新來過，重要的特徵不會有所改動，還是一樣會
出現。

在某次和麥爾的茶會中，他分享了自己的看法。他翻著伏
泰爾的書，說到演化的結果並不是「可能出現的最佳世界」
（best possible world），而是在「可能出現的世界中的最佳世界」
（best of the possible worlds）。遺傳、發育和歷史都影響了哪
些改變是有可能的。

大自然的實驗

我們可以看到大自然進行的實驗。事實上，有些生命的演
變就如同錄影帶重播，如同貝利在家鄉橋上看到的那樣。

加勒比海上的島嶼，西從牙買加、東到聖馬丁島（Saint
Martin）幾乎都有蜥蜴棲息。這些島嶼上有茂密的森林、廣闊
的平原與海灘，豐富的生態環境讓蜥蜴受到保護並且棲息其
中。好幾代的科學家都發現，這些島嶼是研究演化的天然實驗
室。就如同達爾文研究的加拉巴哥群島，每個加勒比海島嶼都
能讓人研究不同蜥蜴適應當地環境的方式。恩斯特·威廉斯
（Ernest Williams，1914~1998）是他同輩中最偉大的爬行動物
學家。他從其他人的研究結果中注意到，各個加勒比海島嶼上
都有類似的蜥蜴棲息。住在森林中的蜥蜴會特化成能棲息在樹
上的不同區域：有的住在樹冠層，有的住在樹幹，有的住在靠

近地面的樹幹底部。不論在哪個島嶼上，居住在樹冠層的蜥蜴，體型都比較大，頭部也大，而且背部有鋸齒狀隆起，身體則是深綠色的。居住在樹幹的蜥蜴體型中等，四肢短，尾巴也短，頭部呈三角形。住在樹幹與地面之間的蜥蜴則頭大、腿長，幾乎都是棕色的。

我的同事強納森・羅索斯（Jonathan Losos）師承威廉斯，研究生涯就專注在這些蜥蜴上。羅索斯利用 DNA 技術，研究不同島嶼上蜥蜴的親緣關係。光看身體結構，你可能會認為住在樹冠層上的大頭蜥蜴，可能和其他島嶼上的大頭蜥蜴親緣關係最為相近；住在樹幹的短腿蜥蜴，以及住在接近地面的長腳蜥蜴也是如此。但是羅索斯發現事實並非如此。每座島嶼中的蜥蜴親緣關係接近程度，要大於不同島嶼間的。各個島嶼上的蜥蜴在遺傳上相距得遠，而且各自在島上繁衍。落難到不同島上的蜥蜴，後代會適應新環境中的各種狀況。你可以想成每座島上各自進行了獨立的演化實驗，其中的蜥蜴會適應在地面、樹幹與樹枝，以及樹冠層的生活。如果每座島嶼各自進行了不同的實驗，那麼演化就讓相同的結果一再出現。如果演化史的錄影帶在不同的島嶼上重播，那麼在每座島上的演化過程都是相同的。

從更大範圍來看，哺乳動物也是如此。有袋類動物在一億年前便已遺世獨立，在澳洲獨自演化，產生了許多物種，各有不同體型。結果顯示，那些體型的出現絕不是隨機產生的。有類似飛鼠的有袋動物，類似鼴鼠的有袋動物，類似貓的有袋動物，甚至有類似鬣狗的有袋動物；這些都還只是存活到現在的種類而已，類似獅子、狼和劍齒虎的有袋動物已經完全滅絕了。在隔絕大陸中有袋動物的演化，和地球其他地區哺乳類的演化道路是相似的。

　　這些大自然中的實驗，揭露出生命的歷史並不完全是一連串意外事件構成的賭盤。骰子翻動的方式，受到基因和身體發育過程的影響，受到環境實質限制的影響，以及受到過往歷史的影響。每一代的生物都繼承了建造器官與身體的指令，這些指令位於基因、細胞和胚胎中。對未來而言，這些遺傳讓某些改變的路徑更容易出現；在所有生物的身體與基因中，過去、現在與未來融合在一起。

8
融合與增添
Mergers and Acquisitions！

　　有的時候，世界還沒做好接受新發明的準備。16 世紀，達文西設計了飛行機器，其中包括滑翔機。當時他並沒有把滑翔機製造出來，因為那時候既沒有材料，也沒有製造的工法。生物演化史中也有相同的現象；遠在魚類登上紮實的陸地、並且呼吸空氣的許久之前，古代水域中便有了具備肺臟和前肢的魚類在繁衍了。動物無法在陸地上生存，是因為陸地上的植物和昆蟲數量還沒有多到能夠讓大型動物足以棲息在陸地上。發明能否散播，時機最重要，不論對演化、科技創新以及一位在 1960 年代奮鬥的年輕科學家而言，都是如此。

　　琳恩・馬古利斯（Lynn Margulis，1938~2011）在芝加哥大學和加州大學柏克萊分校研讀微生物學，她早期的研究計畫就是探究生物細胞的多樣性，並構思這些細胞出現的新理論。她寫好了這個理論，但如她所說被「大約十五個期刊」退稿。她毫不氣餒，終於找到一個不起眼的理論生物學期刊願意刊登她的論文。在面對許多負評時，她無畏的堅持令人讚嘆：一位

年輕的女性科學家於生涯起步時，在由男性主導的領域中，對
抗了根深蒂固的正統說法。

　　馬古利斯研究組成動物、植物與真菌身體的細胞，這些細
胞具有細菌所缺乏的複雜結構，每個細胞裡面都有一個細胞
核，基因組就位於其中。細胞核周圍有許多小型器官，稱為胞
器，各自具備不同的功能。最主要的胞器負責為細胞提供能
量，在植物中是含有葉綠素的葉綠體，能進行光合作用，把陽
光轉換成能夠使用的能量；在動物細胞中則是粒線體，能夠利
用氧氣和糖類產生能量。

　　馬古利斯觀察到，這些胞器看起來就像是細胞中的迷你細

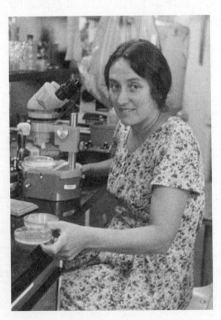

琳恩・馬古利斯

胞，每個都由自己的膜狀構造所包裹，與細胞中的其他部位區隔開來。這類胞器複製的方式是出芽生殖，也就是一分為二。它首先會增加長度，接著中間凹陷成啞鈴的模樣，最後兩邊分開成為兩個新個體。這些胞器甚至還有自己的基因組，與細胞核的基因組是分開的。胞器的基因組和細胞核的基因組十分不同──細胞核中的 DNA 是一長條，會摺疊好把自己捲起來；粒線體和葉綠體中的 DNA，則會兩端連接在一起成為環狀。

粒線體和葉綠體都有自己的膜，也有自己的複製方式和 DNA 組織。馬古利斯覺得事情並不單純，這些特徵她之前在單細胞細菌和藍綠藻上就曾經看過。細菌和藍綠藻以分裂的方式生殖，也由類似的膜所包裹，基因組構成的方式與粒線體和葉綠體很類似。這些為動物和植物提供能量的胞器，怎麼看都比較像是細菌和藍綠藻，而不像細胞中的細胞核。

馬古利斯以這些觀察結果，提出了一個全新的演化史理論。她認為，葉綠體原來是獨立生活的藍綠藻，後來納入了其他的細胞中，成為為該細胞提供能量的新陳代謝勞工。同樣地，粒線體原本是自由生活的細菌，融入其他細胞之後便成了該細胞的能量中心。她這個想法之所以激進，就在於不同的個體可以融合成一個新個體，而新個體有更複雜的結構。

說明這個理論的論文遭到十五次的退稿，馬古利斯因此受到許多人的輕視或忽視，也是無可避免之事。當時馬古利斯並不知道，大約在六十年前，就有俄羅斯與法國生物學家各自提出了類似的想法，也一樣受到嘲弄，以致論文被埋藏在毫不起

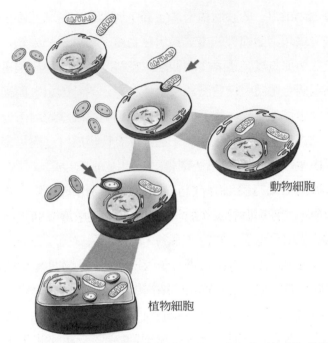

結合而成的演化：複雜細胞起源於兩種不同微生物（箭頭）的融入而
成，一次融入成為了粒線體（上），另一次融入成為了葉綠體（下）。

眼的期刊中。但是馬古利斯無所畏懼，又具有毅力和創意，她
持續推動這個概念，在幾十年當中找到越來越多的證據支持這
個理論，並且公開捍衛這個理論。但很不幸地，她的努力是一
場空，她依然受到排擠，因為她所舉出的相似之處並沒有說服
生物學界的人。

　　後來科技終於趕上馬古利斯的概念，這是她的好運，也是
我們的好運。1980 年代，更快速的 DNA 定序技術發展出來，

這些胞器中的基因歷史能被拿來和細胞核中的基因歷史比對，之後建立的譜系既漂亮又令人驚訝。粒線體和葉綠體在遺傳上與自己所處細胞的細胞核 DNA 沒什麼關聯。葉綠體的親緣關係與某些藍綠藻比較接近，和植物比較遠。同樣地，粒線體是某種耗氧細菌的後代，和動物的細胞核沒有多大關聯。每個複雜細胞中都有兩套生物譜系，一個是細胞核自己的，另一個是之前自由生活的藍綠藻或細菌的。

　　最近的 DNA 比對研究指出，這些結合是生命演化史中普遍的現象。其他與動物或植物沒有親緣關係的物種，都有不同的胞器，而那些胞器也是這樣來的。引起瘧疾的微生物惡性瘧原蟲（Plasmodium falciparum）有一種特殊的胞器，像是圓錐帽位於細胞的一端，能夠進行多種不同的代謝反應。從 DNA 定序的結果發現，那原本是一種獨立生活的藻類；這個胞器本來是獨立生存的細胞，外膜上有一種特殊的分子。對醫學來說，這種分子另有用處，可當作抗瘧疾藥物的作用目標，讓藥物找到瘧原蟲並且加以摧毀。

　　馬古利斯熬過了這些風風雨雨，但不幸地，她的研究生涯在 2011 年結束。那年她死於中風，享年七十三歲，死前她見到了自己的概念獲得確認。她回顧自己的幾十年的研究生涯中，那些與學術界的戰鬥和所遭受的爭議，用了一句座右銘來總結：「我認為我的理論沒有爭議性，它們是正確的。」

　　創意、強大的人格，加上科技，改變了我們對於生物演化史的看法。當不同的個體融合產生了更複雜的生物，當原本自由生活的生物成為更大生物的一部分，重大變革便接著發生。現在地球上每種植物和動物都是含有複雜結構層級的生物，組成的層級包括了器官、細胞、胞器和基因。這種組織的形成過程，是一個橫跨數十億年的故事，開始於地球上的生命剛出現之後。

組裝之必要

　　回溯的歷史越遠，看到的生命樣貌就越模糊，這點可能沒有人比威廉‧夏夫（J. William Schopf）更清楚了。他一生的研究目標是找尋地球上最早生物留下的證據，這項工作讓他前往澳洲西部不毛的丘陵，那地區的特殊之處在於當地岩石超過了三十億年，屬於世界上最老的岩石。因此科學家聚集到此地，想要瞭解早期地球運作的方式。這些岩石看盡了地球歷史，在沉積形成之後沒多久，數十億年來受到加熱、擠壓和推升。當初裡面藏有什麼，通常都已經被烤焦或是被沖刷殆盡了。

　　夏夫在 1980 年代研究一種稱為頂燧石（Apex Chert）的沉積岩，他注意到其中有些岩粒在這麼多年來都沒有變形。岩石受到高溫加熱或是處於高壓時，內部的礦物會因此產生變形，但是頂燧石中的礦物卻沒有受到影響。

　　夏夫知道這種狀況極為少見，就買了一些頂燧石，在實驗室中研究其內部構造。燧石是海底流出的熔岩所形成的，往往含有當時海底生物的遺骸。

　　研究燧石很辛苦。每塊岩石都要用鑽石鋸刀切片，切好了放在玻片上，再用顯微鏡觀察分析。夏夫要兩位研究生加入這個計畫，但是花費數年在顯微鏡上卻什麼也沒發現。第三個接收這項任務的學生，看顯微鏡看了好幾個月，發現岩石中有些細絲，他認為這些細絲不值得在意，就放到標本櫃中以便之後分析。後來這位學生去到業界工作，櫃子中的那些標本直到兩年之後才重見天日。

　　夏夫對此是毫不知情，有天他從櫃子中拿些燧石出來研究。那些用顯微鏡才觀察得到的細紋，像是刷毛、帶子和緞帶。其中最多的像是珍珠項鍊，是小的圓形結構串連起來的。夏夫之前見過這種圖案，那是形成小群體的藍綠藻。但是那些細胞狀的結構來自將近有三十五億年歷史的岩石。夏夫大膽宣稱，他找到了地球上最早的化石，這種化石是在地球與太陽系出現後十億年形成的。

　　沒有人相信他，回應他的只有直接又響亮的誹謗。其中的一個批評是，夏夫觀察到的絲狀結構，是數十億年前形成岩石時自然會出現的花紋。批評者說那些絲線並非化石，而是岩石受到高壓撞擊後所產生的一種石墨。各個期刊紛紛出現論文，支持或反對夏夫的說法，情況嚴重到夏夫甚至得和一位著名的反對者公開爭辯。那個在岩石中要用顯微鏡才看得到的絲狀物，本身可能非常深奧難解，但他們爭議的內容是對於早期生命的瞭解，則沒有那麼深奧。

　　夏夫改弦易轍，不再把絲狀結構拿去和藍綠藻比較，而是找尋其他早期生命的線索。在他這個發現後幾十年，有一項新技術讓科學家能夠研究岩石砂礫和化石中的化學成分。地球上的碳元素以數種形式存在，其中有些碳原子比較重。生物會代謝碳元素，並且偏好某種重量的碳原子。藉由這種化學特性，生物在岩石中留下的足跡當中，各種碳原子的比例會有所不同。

　　夏夫和同事使用質譜儀（這個機器和家用洗碗機差不多大），研究岩石顆粒中的碳組成以及絲狀結構中的碳組成，發現後者具有生物的特性。除此之外，這些組成還指出裡面至少有五種生物。其中有些生物的碳足跡，來自原始的光合作用；其他的則像是利用甲烷來作為能量來源。如果頂燧石是窺見古代地球的狹窄窗戶，從中看到的影像就是——早在三十五億年前，地球上的生物已具有多樣性了。

　　我們知道，岩石可以被用來探索生命留下的化學證據。就算化石已經消失了，生物的化學特徵依然會留下來。如果生物代謝了碳元素，碳元素的組成比例受到了改變，應該會在岩石中留下痕跡。一個美國耶魯大學的團隊研究格陵蘭東部岩石中的碳，發現其中的生命跡象要早過頂燧石，出現於四十億年前，也就是在地球和太陽系形成之後五億年。

　　這些研究指出，從地球形成之後不久到大約二十億年前，地球上繁衍的生物只有單細胞生物；這些生物獨自活動，或是聚集在一起生活。這些微生物的基因能讓它們產生下一代，透過一個分為兩個、兩個分為四個，隨時間增加數量。在這個時期，新的特徵幾乎都是關於產生了新的新陳代謝能力，或是化學反應上的改變而提高了能量處理效率，或是加速廢棄物的排放。有些生物從硫或是氮得到能量，其他的則是從光和二氧化碳。這些單細胞生物為將來的變革打造好了舞台。

微生物的新陳代謝改變了世界。大約在二十億年前，藍綠藻是地球上數量最多的生物。它們進行光合作用，利用太陽光和二氧化碳製造可以使用的能量，排出的廢棄物是氧氣。藍綠藻群聚生活，往往形成夏夫所看到的帶狀分布，或是集合成菌傘狀，最大的可以像微波爐那麼大。從三十五億年前開始，這些藍綠藻就廣泛分布在全球各處。數十億年來，它們排出氧氣，從根本上改變了大氣組成。在四十億年前，大氣中幾乎沒有氧氣，而氧氣濃度的增加能提高生物的多樣性。

對於微生物來說，氧氣的出現好壞參半。對於某些微生物而言，氧氣是有毒的；對於另一些微生物而言，則帶來了新的可能性。有一類微生物開始大量繁衍，不用多說，這類微生物利用氧氣來產生能量。

幾十億年來，單細胞生活像是沒有器官的身體，其中沒有執行特定功能的胞器。之後改變的跡象最早出現在 1992 年，於美國密西根州伊什佩明（Ishpeming）的鐵礦中。這些化石看起來像是由細胞組成的捲曲帶子，大約有八公分長，存在於有二十億年歷史的岩層中，具備了有胞器細胞的典型複雜結構。這些捲曲的帶子是變革的先聲，雖然乍看之下並不像是擔任這種角色的生物。

　　代謝氧氣的細菌與其他微生物組隊後，新類型的生命在地球上誕生了。就如同馬古利斯所指出的，融合而成的新生命所具備的能力，不是一加一等於二，而比較像是一加一等於四百。融合者當中的宿主具有細胞核，能製造很多種不同的蛋白質；在把代謝氧氣的細菌納入並將之轉換成為發電廠後，新組成的細胞便有了資源，能夠製造更複雜的蛋白質、展現出新的行為。

　　至於那個單細胞細菌，也不再獨自生活，而是屬於更大整體的一部分；這個新生物具有不同的部位，構造也更複雜了。之前自由生活的細菌不再自由自在地複製，而是為了宿主的細胞執行功能。現在新組合而成的細胞，有了更多能量可以用於活動，並且能夠製造新的蛋白質，成為生物演化史中另一個重大改變的先驅者。

　　新的細胞具有超級蛋白質工廠，讓地球出現了另一種新生命。

再度結合

　　地球上的動物和植物身體都是由許多細胞構成，線蟲有將近千個細胞，人類有四兆個。雖然其中的細胞數量差異很大，但是彼此的身體有很多從久遠繼承而來的相似之處，這些相似之處十分重要。

　　各種早期化石所呈現出來的身體樣貌並不相似。在澳洲、納米比亞和格陵蘭六億年前的岩石中發現的化石，只留下印痕而已；岩石中所保存的遺骸早就因為侵蝕而消失殆盡。這些化石小如錢幣，大如盤子，形狀有如同緞帶、蕨葉或是盤子。那些化石的形狀看起來很無趣，但是那些生物是怎麼出現的，就讓人很感興趣了。那是最早的多細胞生物化石，它們具有身體。這種具有身體的生物在當時的地球上是全新的生命類型。

　　對於個體，哲學家有各式各樣的定義，但是最基本的定義是：個體有開始與終結，有誕生與死亡，並且能夠複製。最重要的是內部有不同部位能夠合作，而讓整體展現出功能。每個人類都是一個個體，因為我們就像其他動物與植物一樣，具備了上述特性。除此之外，我們的身體只有在個別組成的部位為了大的整體共同運作時，才能維持健康。舉例來說，腦部有百億個神經細胞，[1]光是知道有哪些細胞，並不能讓人瞭解到思想、感覺和記憶是如何形成的。腦部能夠產生思想，但是個別神經元不行。思考是高階的特性，來自百億個神經細胞所構成的組織運作結果。

　　身體中各式各樣的細胞也都是個體，但有些不同之處。每個細胞都會出生和死亡。每個細胞都會複製，每個細胞中都有

1.　譯注：原文用 trillions 是錯誤的，後面也改用 billions，成年人腦部約有一百二十億到一百四十億個神經細胞，數字依研究不同而異。

不同的部位彼此合作。但是想想，人體中共有四兆個細胞，這些細胞組成了器官，每個器官都有特定的大小、形狀以及所在位置。因此，細胞複製與死亡的方式必須合乎規矩，才能夠產生出心臟、肝臟與腸道，並讓器官在身體的適當位置中出現，同時具備適當的大小。細胞不是各自運作的，它們的生長、死亡和生活受到了調控，為的是共同構成身體。身體中的細胞自我犧牲，在適當的時機中限制了自己的複製與死亡，為的是身體整體的運作與利益。

　　特殊的分子機制讓細胞能夠共同運作並且形成身體。不同的細胞彼此要能黏合在一起，如果細胞之間不能以精確的方式黏接，將難以形成有固定形狀的身體。舉例來說，皮膚細胞有特殊的機械特性，能夠彼此連接成片狀組織；皮膚細胞會製造膠原蛋白、角質蛋白以及其他蛋白質，讓皮膚組織有特定的觸感。最後，身體中的細胞必須要能彼此溝通，協調各自的複製、死亡，以及基因的活動。在這裡還是要用到蛋白質，細胞間可以用各種蛋白質來傳遞訊息，通知何處的細胞在何時要分裂、死亡，或是分泌更多蛋白質。

　　之前在第五章介紹的基因家族，是讓這種組織得以出現的遺傳機具。在這些家族中的每個基因，都會製造和同族稍有不同的蛋白質。舉例來說，在一百多種不同的細胞中，有一種叫作鈣黏蛋白（cadherin）的蛋白質；每種組織中的鈣黏蛋白都有些許不同，這些蛋白質能讓細胞連接在一起，如同在皮膚那樣，也是細胞間進行化學傳訊的管道，告知細胞何時要分裂、死亡，或是製造其他蛋白質。

　　這裡有個重點：對於細胞來說，製造這些蛋白質要付出很高的代價，因為合成和組合蛋白質需要大量的代謝能量。這也是若沒有馬古利斯理論中那種新類型細胞的誕生，身體便無法出現的理由。她推想出的融合細胞，結合了蛋白質製造者和發電廠，這種組合細胞現在具有能量，也有能製造多樣蛋白質的DNA，而讓身體能夠演化出來。這種細胞能與其他細胞黏在一起，彼此溝通，產生新的行為。

　　在這數十億年當中，我們看到了個體隨時間變得越來越複雜——新類型個體的出現，這種細胞擁有胞器，讓由許多細胞所構成的身體得以出現。

　　這個過程讓人想到一個問題：身體是如何出現的？

　　我在加州大學柏克萊分校的同事妮可‧金恩（Nicole King）研究一種特殊的單細胞生物，在顯微鏡底下，這種生物看起來就像是軟糖豆，卻有不尋常的特徵。這種細胞一端有類似修道士髮型的一圈頭髮，是豎起來的，中間則有一些絲狀物伸出來。這種生物稱為領鞭毛蟲（Choanoflagellate），金恩暱稱它們為「領鞭」。十年前，領鞭毛蟲的基因組定序出來了，在與動物和其他單細胞生物比對後，發現與牠親緣關係最接近的是動物。這層關係代表了牠們可能隱藏了建構身體機制的線索。

　　除此之外，領鞭毛蟲還有一項重要能力。絕大部分的時候，牠們可以利用鞭毛的運動，各自獨立游動生活。到了特定

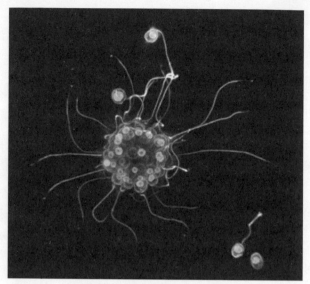

如圖所示，領鞭毛蟲集結成團。

的時刻，受到某種激發，領鞭毛蟲會集結在一起，成為花朵的
形狀，如同玫瑰花簇（rosette）；這種花簇是由十多個甚至更
多原本分開的領鞭毛蟲連接起來的。從單細胞生物變成一群多
細胞，這要花費數十億年的時間才能演化出來；但是領鞭毛蟲
馬上就辦到了。

　　金恩接受的是分子生物學訓練，但是她的思維模式如同古
生物學家。一如化石獵人看到現生生物時會想知道牠們祖先的
模樣。金恩看到領鞭毛蟲集結成身體的過程時，問的是打造身
體所需的分子機制，以及這些機制怎麼出現的？

　　如果同上面所說，細胞製造了某些特殊蛋白質，讓身體能夠組合起來。要知道身體的起源，可能就得知道那些蛋白質是怎麼來的。現在的基因組中有答案。領鞭毛蟲、細菌和各種微生物的基因組序列都已經有了。科學家利用電腦資料庫，能夠研究一個生物的基因組，並且知道其中製造出的特殊蛋白質。

透過定序領鞭毛蟲的基因組，許多難易置信的事情被揭露出來了。許多與建造身體相關的蛋白質，已經出現在這些單細胞生物中。牠們利用這些蛋白質形成玫瑰花簇集合體，並且消化獵物。這個結果讓金恩和其他人進一步擴大研究範圍，去看看其他種類微生物的基因組，得到的結果是我們之前就看到的演化模式。

金恩和同事發現，有一類蛋白質，動物會用來打造身體，功能如同膠原蛋白、角質蛋白，在其他許多單細胞生物中也有，包括細菌和其他具有胞器的較複雜生物。然而，這些生物並不需要製造身體，那這類蛋白質是用來做什麼呢？原本是用來黏住獵物，或是讓自己黏在環境中的某個地方，也能夠用來避開掠食者。單細胞生物也以化學方式彼此進行溝通。微生物適應身處環境所用到的分子，後來成為動物製造身體時用到的分子之前身。多細胞生物之所以能出現，只是因為這些分子以新的方式組合利用，因此具備了在原來單細胞生物中所沒有的功能。讓身體得以出現的重要創新，可能遠在身體出現之前就已經有了。

金恩最近發現一個引發玫瑰花簇群體形成的因子：當領鞭毛蟲發現附近有一種特殊的細菌時，就會製造形成群體的蛋白質。我們並不清楚為何那種細菌具有這種效果，可能是因為發出了某種讓領鞭毛蟲聚集的化學訊號。這結果很有趣：單細胞生物不只是具備了讓身體出現的原材料，也可能引發了身體的出現。

身體的出現，需要潛能與機會。製造身體所需的機制，在身體能夠以化石留下痕跡之前的好幾億年就已經存在了。大約在十億年前，氧氣改造了世界，讓已經有所準備的生物大肆繁衍。大氣中氧氣濃度的提高，讓能夠代謝氧氣的生物進行高能形式的生活。馬古利斯理論中的新種類細胞能產生能量，並且大規模地製造出蛋白質用於建造身體，只因為這些細胞擁有能燃燒氧氣的發電廠。到了十億年前，這種燃料已經非常多了。

各部位加總

身體的組織方式類似於俄羅斯娃娃：身體具有器官，器官由組織構成，組織含有細胞，細胞具備胞器，這所有一切都有基因。在數十億年的演化過程中，各個部位基本上放棄了個體的自主性，成為更大整體的一部分。原本獨立生活的微生物組合成為新類型的細胞，新類型細胞具備了獨特的能力，得以造就新類型的結合，即多細胞身體。之後越來越複雜的個體出現，身上的構造也越來越精細。

身體和細胞需要牢牢控制住組成自己的各個部位，但底下還是暗潮洶湧。一個身體中各部位的協調合作，代表了各細胞與各基因組之間彼此要競爭與占據利益。身體中各個基因、胞器與細胞都持續複製，如果沒有加以控制，其中某個部分就會占上風。各個部位自私的行為以及想要不受控制的複製，會產生衝突；而身體的種種需要，是一部關於健康、疾病與演化的故事。具備了身體，可能等於有了發明之母，也可能是有了通往災難的路。

想像一下，如果一個細胞自行其是，只會瘋狂地分裂，或是完全相反地在不適當的位置與時間死亡，會帶來什麼後果？不是占據整個身體，就是讓身體損傷。事實上，癌細胞就是這樣。癌化的細胞打破了規矩，完全自私自利，不論是複製還是死亡，都完全不符合所在個體的需求。

癌症揭露了部位與整體之間本質上的緊張關係。在人類，這種緊張關係位於身體和身體部位之間。如果各個部位因為自己短期的利益而行動，分裂完全不受控制，就會讓身體受到損傷。癌症是基因突變累積所造成的疾病，會讓細胞增殖的速度太快，或是不在適當的時機死亡。為了有所回應，身體做出防禦措施，像是免疫系統會挑出不守規矩的細胞加以毀滅。如果這些檢查與防禦措施後來失效，細胞的行為不再受到控制，癌症就會造成個體死亡。

基因組中也有類似的衝突存在。麥克林托克發現的跳躍基因生來就是要複製自己，這和癌細胞很類似。想要瘋狂自我複製的惡劣遺傳單元，會與生物個體之間發生戰爭。當基因想要

限制自私的遺傳單元，而病毒也持續入侵，此時數兆個細胞就
要合作以維持身體運作。多細胞生物的身體是個聯邦，各邦在
不同的時間出現，有的時候在不同的部位出現。這些部位有的
彼此衝突，有的彼此合作，全都會因為時間而改變，成為演化
的材料。身體能夠演化並呈現各種不同的新特徵，在於有各個
部位，這些部位也多樣的方式彼此互動。

混合主義

　　輪子在地球上已存在六千年了，行李箱也有好幾百年的歷
史；不過，有輪子的行李箱是這幾十年才有的發明，它改變了
許多人旅行的方式。每次我到機場，都讚嘆這種新組合帶來的
革命性發明。
　　馬古利斯發現的胞器起源，指出在大自然中組合式創新的
出現方式。若是一個演化支系沒有自己發明出新特徵，而是從
其他物種那裡得到新特徵會怎樣呢？為細胞提供能量的粒線
體，這項創新並非人類祖先還是單細胞生物時，基因組自己發
生改變而出現的，而是在別處出現後，被祖先的細胞納入並利
用，之後這些古代細菌融入了我們的演化支系中。還有類似的
情況，病毒在數千萬年來感染基因組，讓基因組能製造出新的
蛋白質。當這些病毒的用途出現變化，新的分子就幫助懷孕與
記憶發生。

　　某一個物種身上出現的特徵，被其他物種借用或盜用，修改之後有了新用途，這樣就可以直接繼承現有的發明，而不需要自己重新打造。各部分的組合，以及組合之後所出現的新型個體，都能夠增加演化的機會。

　　數十億年來，地球上只有單細胞生物，創新發生在產生能量以及利用周遭化學物質的代謝方式。這時的生物個體都很小。後來更複雜的生物出現了，牠們以新的方式移動與攝食，以新的方式製造蛋白質。具有身體的生物——動物、植物和真菌等等，則是相當晚近才出現在地球上，牠們的細胞全都來自不同個體混合而成的細胞。身體的出現，打開了新的演化方式。細胞從胞器得到能量，由許多細胞組成的生物自此變得更大，並且發展出組織和器官。結果是，各種組織與器官讓動物在空中飛得更高、在海洋潛得更深，甚至能設計出太空探測器去探索太陽系中的遙遠之處。

把歷史借給未來

　　數十億年來，生物經由組合、借用，以及改用其他物種的特徵發明新技術。人類的未來也會是如此。

　　1993年，西班牙的微生物學家法蘭斯可‧莫吉卡（Francisco Mojica）研究西班牙南部白色海岸（Costa Blanca）的鹽沼，想要瞭解細菌在這種鹽分極高的環境中如何演化。這些細菌的基因組中有些不尋常之處，能讓它們在那種其他生物幾乎無法生存的環境中保身。在將近十年的研究當中，他定序了那些微生物的基因組，發現了一個讓人困惑的特徵；這些細菌的基因組序列大部分都很普通常見，但有少數區域的序列會組成迴文，也就順著讀和逆著讀時是相同的，例如 Hannah 這個英文名字就是如此，只是在這裡字母只有 A、T、G、C 四種。除此之外，短迴文序列與短迴文序列之間會被均勻地隔開，形成反覆的模式：迴文序列、分隔的序列、迴文序列、分隔的序列。事實上，這是科學研究中另一個重複發現的例子，因為十年前就已有一個日本實驗室發現了這種模式的迴文序列。

莫吉卡認為這不是隨機發生的，於是研究了其他細菌中是否也有類似的奇特模式。令人吃驚的是，這種現象超級普遍，超過二十種細菌中都有這現象。這樣普遍出現在基因組中的模式一定有某種功能，但那是什麼功能呢？

這時候莫吉卡的實驗室還處於起步階段，沒有錢進行定序，或是進行其他高科技的研究。但是他沒有退縮，而是使用桌上型電腦，配備文字處理程式，用網際網路連接上基因資料庫，把迴文序列和中間的分隔序列輸入電腦，看看其他地方是否存在著這種序列。他找到了，但不是在細菌中，而是在病毒中；而且具迴文序列的細菌對於那種病毒已經具有抵抗能力了。他繼續研究八十八個分開迴文的中間區域，其中超過三分之二的序列屬於能抗病毒的，就好像這些區域能保護細菌免於病毒入侵。

　　莫吉卡設想了一個大膽又沒經過測試的假說：這種迴文－區隔系統，是細菌對抗病毒的武器。他把這個想法寫成論文，投稿到一些知名期刊，其中一個根本沒讓同儕審查就直接退稿，其他則以缺乏「創新或重要性」為由退稿。這個過程重複了五次，後來才在一本分子演化學期刊上發表。同一年，法國一個實驗室以稍微不同的方法研究，獨自得到這個結果，也做了發表。

　　接著，其他實驗室也開始投入找尋這種序列。對乳酪工業來說，讓細菌對抗病毒的系統可謂一大恩賜，因為若有病毒混入就會影響乳酪發酵。有了這個動機，科學家很快就發現到這個系統是細菌和病毒進行武器競賽時發展出來的。病毒會攻擊細菌和人類；人類利用免疫系統排除了大部分入侵的病毒，細菌的這個機制則讓它們擁有某種免疫能力。這個機制當中具有某種分子嚮導與刀片；迴文能當成嚮導，引導分子刀片切斷病毒的 DNA，以免造成傷害。病毒的本性自私，會侵入細胞，進行複製並且接掌基因組，而這個系統有辦法與之抗衡。

　　有了這項發現後，世界各地許多實驗室對於分子刀片（稱為 *Cas9*）進行了基礎又具創意的研究，看看是否能讓這個系統除了剪輯病毒 DNA 之外，還能用在其他生物的 DNA 上。描述如何改造這個細菌系統以用於其他物種的論文，在投稿科學期刊後不到幾個月就刊登出來。這種技術稱為 CRISPR- Cas（帕特爾用這種技術改造了明鉤蝦的附肢），現在是編輯基因組的基本工具，常用於編輯動物、植物和人類的基因組，從農

業到醫學都會使用。這才只是剛開始,現在這項技術每個月都
有所改進,更為精確、迅速與高效。

　　這項技術可在一夜之間就改寫基因組中的部分區域。在演
化歷史中,這種改變往往要花上數百萬年。目前這個技術只在
起步階段,但新聞報導內容已將它吹捧得天花亂墜,但很顯然
我們很快就能改以快速廉價的方式,改寫動物和植物的基因
組。我的實驗室也在魚身上使用這項技術,只進行了最初步的
應用──刪除基因。其他實驗室則使用這項技術剪貼基因組中
整個區域,或是移除某個物種中的基因與基因開關,轉移到另
一個物種上,或是從某個個體轉移到另一個個體上。

　　發現到 CRISPR- Cas 系統,並且使用在基因組編輯上,只
是走上了四十億年來演化創新的老路。這項造成技術改革的突
破性發現,並非來自我們熟悉的動物和植物,而是在研究鹹水
生態系統時發現的。其中的過程峰迴路轉,有數位科學家在同
個時期想出了類似的概念,然後結合科技,同時做出了發現。
這只是生物學中的眾多創新之一;將某種細菌的創新改變用途
之後,拿來為人類服務。有數百位資深與年輕的科學家同時參
與了 CRISPR- Cas 的發展。歷史中的轉折、重複性以及許多沒
有預期到的意外事件,讓這個故事特別適合由某一類人來訴
說,那就是律師。目前專利戰正打得激烈,為的是要分辨誰在
CRISPR- Cas 發展史中最有貢獻。

　　說人類有意識的大腦達成了細胞和基因組花了數十億年才
達到的成就,好像很了不起。這是由細菌這種生物發明的,人

類只是拿來改造、調整，把這技術用在其他生物上罷了。我們
的大腦盜用並改造了這些生物的發明，不過大腦本身有部分的
蛋白質原本來自細菌，且由原來自由生活的細菌提供能量。新
的組合的確能改變世界。

結語
Epilogue

　　2018 年的耶誕節，由於夏季大風雪來臨，整個早上我幾乎都躲在帳篷中。之後天氣放晴，我爬上了營區邊的山脊，舒展雙腿，每爬一步都覺得身體更為放鬆，最後我登上了里奇峰（Mount Ritchie），這是南極洲橫貫南極山脈（Transantarctic Range）上的一座山峰。我周圍的冰原比美國本土還要大。我的團隊為了尋找比北極附近發現的提塔利克魚還要古老的有足魚化石，而來到了地球的另一端，目標是地球上最早的有骨魚化石。在適當年代形成的某些岩石中可能有這種魚的化石，因此我們來到了南極這裡的山區。

　　這裡的山峰聳立在冰河之上，層層岩石的顏色堆疊，與大片白色背景形成強烈對比。紅色、棕色和綠色的岩層中，埋藏了四億年來地球和生命的歷史。從岩石的結構我們可以知道，當時極區是一片如亞馬遜地區的巨大熱帶三角洲，後來發生了強烈的火山活動，這裡的生物也發生了改變。最底下的岩層約有四億年歷史，其中的化石大部分是魚類，頂層約有兩億年歷史。當時的生態系中有各式各樣的爬行動物。

　　從這個距離望過去，我很想研究那些岩層，並且探索更古老的演化改變過程。從全球的範圍來看，在有最早期動物化石的岩層之下，有最早出現的微生物。最早期的魚類位在兩生動物化石之下。最早期的兩生動物則位於爬行動物之下。

　　我們在填補知識的空隙時，往往會因為參雜了希望、預期與恐懼而有了偏見。我們的內心有種傾向，會把過去的各個事件連接起來，組成一個故事；其中某個轉折會造成後續的發展。每個人都看過那個漫畫：四足爬行的猴子前進成為猿類、再前進成為雙足步行的人類。通常這個漫畫還有個諷刺的後續——接著人類會躺在沙發上看電視或是滑手機。這種歷史觀深植許多人心中。你應該多次聽說過「消失的環節」（missing link）這個詞，好像演化史是一個巨大的鐵鏈，每個環節必然會連接到下一個環節；或是消失的環節必然混合了祖先與後代的特徵。

　　的確，在化石紀錄中，最早的魚類在最早的陸生動物之前出現。但我們也看到了，在詳細研究了各個物種的化石、胚胎和 DNA 後，發現到許多讓動物在陸地上生活的改變，很早之前就已經出現了，而那個時候魚類都還住在水中。生物歷史中每個重大變革發展的方式也相同。沒有哪件事情是在我們想到的那個時間點才開始發生的，伏筆早就在想像之外的地方埋下了。一百五十年前，達爾文就知道這點，並且回應了米瓦特的批評。生物的歷史就是以這種方式進行的。

　　達爾文不知道有 DNA 與細胞的運作，也不知道胚胎發育時遺傳指令運作的方式。DNA內部的變化與外來入侵者造成的影響，都成為演化改變的材料。基因組中有10%是古代的病毒，至少有60%是由跳躍基因瘋狂活動所造成的重複單位，只有2%是人類自己的基因。不同物種的細胞和遺傳物質能夠融合，基因會持續複製並改變用途，生命的歷史並不是條筆直的運河，而是蜿蜒又充滿沙洲的河流。大自然像是懶惰的麵包烘焙師，拿了老食譜與舊材料，胡亂使用，隨便改造，做出各種目瞪口呆的組合。數十億年來，單細胞微生物以拼湊、複製與吸納的方式，讓自己的後代遍布整個地球上的棲息地，並且能在月球上漫步。

我經常回頭去看那張讓我展開三十年研究生涯的圖——魚類那裡有個箭頭指向兩生動物。現在這張圖有些不合時宜，甚至過於天真。這張圖表明的是我們在知道基因組、入侵病毒或是打造身體的基因之前的演化生物學。在我和同事在2004年發現長腳的魚之前，沒人知道有這種魚的存在。如果不是最近有化石出土，也不會有人知道其他生物演化史中的重大事件。現在我們進行的科學研究，是數十年前所想像不到的。科學發現就像是生命演化史，充滿了意料之外的轉折、變化、死巷與機會，改變了我們看待周遭世界的方式。我們用來探索大自然多樣性的概念，本身就是從數十年甚至數百年前的概念改造與修飾而來的。

詩人威廉·布萊克（William Blake）寫道：「從一粒沙中窺宇宙，從一朵花中見天堂。」當你知道如何觀看，您就能在

所有生物中的器官、細胞和 DNA 中看到數十億年的歷史，並
且重新品味人類與地球上其他生物的關係。

參考資料與注解
Further Reading and Notes

　　綜合介紹地球歷史與生物歷史的書有很多，理查・福提（Richard Fortey）這位優異的古生物學家與傑出作家寫了兩本涵蓋範圍廣泛的書，一本是 *Life: A Natural History of the First Four Billion Years of Life on Earth* (New York: Vintage, 1999)，以及 *Earth: An Intimate History* (New York: Vintage, 2005)。理查・道金斯（Richard Dawkins）以反向的方式探索生命之樹，說明物種隨時間改變的方式，以及改變我們重建歷史的工具，請見：*The Ancestor's Tale: A Pilgrimage to the Dawn of Evolution* (New York: Mariner Books, 2016)。以下書籍則彙整了大量地球早期生物史的資料：Andrew Knoll, *Life on a Young Planet: The First Three Billion Years of Evolution on Earth* (Princeton, NJ: Princeton University Press, 2004), Nick Lane, *The Vital Question: Energy, Evolution, and the Origins of Complex Life* (New York: Norton, 2015); and J. William Schopf, *Cradle of Life: The Discovery of Earth's Earliest Fossils* (Princeton, NJ: Princeton University Press, 1999)。關於化石紀錄全面又生動的介紹，請見布萊恩・斯維特克（Brian Switek）所寫的：*Written in Stone: Evolution, the Fossil Record, and Our*

Place in Nature (New York: Bellvue Literary Press, 2010;).

　　過去幾年來，有許多關於遺傳概論的傑出書籍問世，就如同演化紀錄中的重複現象，這些書包括：Siddhartha Mukherjee, *The Gene: An Intimate History* (New York: Scribner, 2017)；Adam Rutherford, *A Brief History of Everyone Who Ever Lived: The Human Story Retold Through Our Genes* (New York: The Experiment, 2017)；以及 Carl Zimmer, *She Has Her Mother's Laugh: The Powers, Perversions, and Potential of Heredity* (New York: Dutton, 2018)。對於分子演化學和許多從這個領域誕生出來的新概念，下面這本書的內容非常有趣：David Quammen, *The Tangled Tree: A Radical New History of Life* (New York: Simon and Schuster, 2018).

前言

　　關於「有四肢的魚、有腿的蛇與用兩隻腳走路的猿」，參考資料包括：N. Shubin et al., "The Pectoral Fin of *Tiktaalik* roseae and the Origin of the Tetrapod Limb," *Nature* 440 (2006): 764–71; D. Martill et al., "A Four-Legged Snake from the Early Cretaceous of Gondwana," *Science* 349 (2015): 416–19; and T. D. White et al., "Neither Chimpanzee nor Human, Ardipithecus Reveals the Surprising Ancestry of Both," *Proceedings of the National Academy of Sciences* 112 (2015): 4877–84.

第一章

　　那堂課是由已故的法理希・簡金斯（Farish A. Jenkins）所開

的，他後來成為我的導師，並與我合作進行採掘，發現到了提塔利克魚。讓我走上這條路的那張圖，出自一本討論脊椎動物演化中重大轉變的精采小書《脊椎動物構造的演化》（*The Evolution of Vertebrate Design*），作者是雷奧納德・拉丁斯基（Leonard Radinsky），他和簡金斯是好友。巧的是，拉丁斯基之前是芝加哥大學的動物解剖學系主任，後來我也擔任這個職位。我在研究生時期沒料想到，他的這張圖會在數十年後讓我擔任他曾經擔任的職位。

海爾曼的話引自她的自傳：*An Unfinished Woman: A Memoir* (New York: Penguin, 1971)。她這段話所表達的概念，是經過拓展適應而用在生物學上，其中細微差異的討論請見：Stephen J. Gould and Elisabeth Vrba, "Exaptation—A Missing Term in the Science of Form," *Paleobiology 8* (1982):4–15，以及W. J. Bock, "Pre-adaptation and Multiple Evolutionary Pathways," *Evolution 13* (1959):194–211。這兩篇重要的論文中都舉出了許多案例。

我對於米瓦特的介紹採自：J. W. Gruber, *A Conscience in Conflict: The Life of St. George Jackson Mivart* (New York: Temple University Publications, Columbia University Press, 1960)。米瓦特的 *On the Genesis of Species*在1871年出版，現在可以在網路上閱讀：https://archive.org/details/a593007300mivauoft.

達爾文的《物種源始》第六版也可以在線上閱讀：https://www.gutenberg.org/2009/2009-h/2009-h.htm. 顧爾德的「2%的翅膀問題」，見於：Stephen Jay Gould, "Not Necessarily a Wing," *Natural*

History (October 1985).

我對於聖希萊爾的生活與工作描述，參考了：H. Le Guyader, *Geoffroy Saint Hilaire: A Visionary Naturalist* (Chicago: University of Chicago Press, 2004), and from P. Humphries, "Blind Ambition: Geoffroy St Hilaire's Theory of Everything," *Endeavor 31* (2007): 134–39.

澳洲肺魚的原始描述，出自：A. Gunther, "Description of *Ceratodus,* a Genus of Ganoid Fishes, Recently Discovered in Rivers of Queensland, Australia," *Philosophical Transactions of the Royal Society of London 161*(1870–71):377–79。發現了歷史參見：A.Kemp, "The Biology of the Australian Lungfish, *Neoceratodus forsteri* (Krefft, 1870)," *Journal of Morphology Supplement 1* (1986): 181-98.

關於魚鰾和肺臟的發育與演化關聯，請見：Bashford Dean, *Fishes, Living and Fossil* (New York: Macmillan, 1985)。他在大都會博物館的盔甲收藏紀錄已數位化，請見：http://libmma.contentdm. oclc.org/cdm/ref/collection/p123!4coll15/id/17498. For a synopsis of his work and life, see https://hyperallergic.com/102513/the-eccentric-fish-enthusiast-who-brought-armor-to-the-met/.

關於呼吸空氣的分析，請見：K. F. Liem, "Form and Function of Lungs: The Evolution of Air Breathing Mechanisms," American Zoologist 28 (1988): 739–59; and Jeffrey B. Graham, Air-Breathing Fishes (San Diego: Academic Press, 1997)。這兩篇論文都指出在硬骨魚中，肺臟本來就是原始構造，並且證實了肺臟和魚鰾之間的關

聯。

肺臟和魚鰾之間的遺傳機制比較，證實了兩者非常相似，請見：A. N. Cass et al., "Expression of a Lung Developmental Cassette in the Adult and Developing Zebrafish Swimbladder," *Evolution and Development* 15 (2013): 119–32。迪恩和與他想法相同的人應該會引以為傲。

肺臟只是魚類登上陸地所發生的一個重要轉變例子。

岡納・塞維－索德伯格（Gunnar Säve- Söderbergh）二十二歲時就帶領了一個地理探險隊，在當地的岩石中找尋化石。那是個沒有用到高科技的簡單任務，團隊成員每天在岩地上散開來，找尋受到侵蝕而露出於岩石表面的化石。找到了一些化石之後，他們會把碎片拼湊起來，好確認化石所屬的岩層。八十多年後，我的團隊在加拿大北極地區發現提塔利克魚時，幾乎也是用相同的方式進行。

塞維－索德伯格找尋的是最早在陸地上步行的脊椎生物。當時從來沒有人在泥盆紀（三億六千五百萬年前）的岩層中找到具有四肢的動物化石。他的目標是在更古老的岩層中找到類似魚的兩生動物化石，某個能夠模糊魚類與兩生類之間界線的物種。

塞維－索德伯格著名的地方在於精力旺盛，他能好幾天熬夜晚睡，白天又長途跋涉找尋化石。他的自信也超強。悲觀的人找不到化石，你得要相信有化石埋藏在岩石裡，並且要花費很多時間和許多白費的精力，才能找到化石。他的團隊每天把找到的東西放在兩個盒子中，寫P的放魚類化石（雙魚座Pisces），A的盒子放兩生類化石（amphibian）。這是大膽的策略，因為當時還沒有人在岩層中發現到兩生類化石。你能想像1929年的野外研究期間，魚的那個盒子中裝滿了化石，兩生類那個盒子卻始終空蕩蕩的。

在野外採集季節快結束時，塞維－索德伯格在攝氏峰（Celsius Berg）的碎石堆中找到了許多外型奇特的骨頭，這座山峰孤立於東格林蘭海的冰層上。他收集到大約十多個有骨頭的石板，每副骨頭都埋在岩石中，幾乎辨認不出來結構。從石板上的突起看來，像是當時已知的某些魚類化石。基於保存的狀況，這些石板放到了魚類那一盒中。這些化石顯然是某種頭蓋骨，但由於太過扁平，與當時所知的任何魚類都不同。塞維－索德伯格認為可能是兩生類。由於他是樂觀的人，就把這些石板放到了A那一盒中。

塞維－索德伯格回到瑞典，開始勤勉工作，把岩板中包圍骨頭的沙粒移除。移除了幾層沙粒後，真正的神奇之物出現了，他發現到從身體來看像魚，但是頭部扁平，而且具備了長長的吻部，這像是兩生類。塞維－索德伯格發現了他要找的早期兩生動物。

這份化石馬上就出名了，塞維－索德伯格也是，不過悲劇發生了，他在三十歲生日之前死於結核病。

索德柏格的故事是他的同事兼朋友艾利克‧亞維克（Erik Jarvik）告訴我的，他是早期探險隊的一員，說的內容包括了格陵蘭探險的簡述。他對於最早發現魚石螈的過程，詳見：Devonian tetrapods: E. Jarvik, "The Devonian Tetrapod Ichthyostega," *Fossils and Strata* 40 (1996): 1–121. Carl Zimmer, At *the Water's Edge: Fish with Fingers, Whales with Legs* (New York: Atria, 1999), discusses Säve-Söderbergh, Jarvik。其中田野工作的大部分內容讀來都很有趣。

　　在索德柏格去世後五十年，我的同事、劍橋大學的珍妮・克拉克（Jenny Clack）重回攝氏峰和其他塞維－索德伯格的採集地點，並且用新的眼光加以研究。她的古生物學家團隊熟知塞維－索德伯格的發現與筆記，他們的目標是找尋他沒收集到的其他部位骨骼。造成混亂的原因在於，我們對於那種化石動物的四肢所知甚少。克拉克為了平息爭議而去敲碎那些石頭。她帶領優異的團隊，配合良好的天氣，並且知道哪些岩石中可能藏有所要找的化石，結果她帶回了重要的化石，其中有保存良好的腿部骨骼，能與原來的化石連接起來。

　　那些四肢具備了典型的「一根骨頭、兩個骨頭、一些小骨頭，加上指骨」的模式，不論是哺乳類、鳥類、兩生類或爬行類動物的四肢，都是長這樣。讓人驚訝地方是手部與足部。這種動物的手指和腳趾都超過五根，高達八根，這些多出的指頭，讓牠們的手與足看起來又寬又扁。從這些指頭的比例，以及每根骨頭上肌肉連接的痕跡來判斷，那些手足其實像是水中的槳。四肢整個來看，應該像是鰭狀肢而非手足。

　　這種動物和達爾文的那五字箴言有什麼關係？最早具有四肢和指頭的動物，並不是把這些構造用於在陸地上步行，而是在水中划動，或是在沼澤溪流中水淺的區域移動。就如同肺臟，這些陸生脊椎動物所利用到的重要新特徵，最早不是在陸地上使用的，而是在水棲環境中有了新用途。在比較早的狀況中出現的器官，到了有重大變革之時（轉移到新的環境），改變了使用目的，有了新的功能。

克拉克的 *Gaining Ground: The Origin and Evolution of Tetrapods* (Bloomington: Indiana University Press, 2012)把四足動物起源的研究帶入現代，這本書是她一生研究的精華，包括了這個領域的科學內容和研究歷史，以及她對於格陵蘭泥盆紀採掘化石地點的重要個人見解。

現存和滅絕已久的動物中，肺臟、前肢、肘部和腕部最先都是出現在水生動物身上。從水中移居到陸地上，重大的變革與新的特徵無關，而是讓早就出現許久的特徵改變。

如果歷史是一條改變的道路，每一步必定會導致下一步。每一個功能都要靠逐漸改變才能達成，那麼重大的變化可能就不會發生。每個重大的轉變需要的不只是一個新特徵，而是整組新專利得同時出現。但如果這個重點改變以另一種方式出現呢？這些新特徵都已經存在了，只是在做其他事情，但現在只要作用的目的轉移，就能打開變化的道路。這種改變能力，就是達爾文五字箴言的力量。

在瞭解了古代棲息在水中的動物有肺、四肢骨骼、腕骨和指頭之後，這個「魚類入侵陸地」的問題就得修改了，從「這些動物如何演化到在陸地上行走」，變成「在地球上這種變化為什麼沒有更早出現？」

　　線索依然藏在岩石中。數十億年來，地球上所有的岩石都缺乏一種東西。從四十億年前到大約四億年前的岩石中找到的證據指出，當時有巨大的海洋、狹小的海道，在陸地上湍急的河流推動著石塊。但是更重要的是，這些證據顯示陸地上沒有植物。

　　想像一下沒有植物的陸地。植物在死亡後腐爛，轉變成為土壤。植物的根可以抓住土壤。當時陸地上光禿禿的，沒有土壤，也沒有動物可以吃的食物。

　　化石紀錄顯示，陸生植物大約出現在四億年前，之後類似昆蟲的動物出現了。植物入侵陸地，創造出一個全新的世界，讓各種蟲子能夠繁衍。有些植物葉片的化石上面有受損的跡象，顯示被當時的蟲子啃咬了。陸地植物死亡腐爛後成為碎屑，最後轉變成土壤，使得淺溪和池塘成為魚類和兩生類的棲息地。

　　有肺的魚類在大約三億七千五百萬年前才爬上陸地，是因為在此之前陸地並不適合居住。植物和隨後登陸的昆蟲讓陸地改頭換面，讓生態系統適合暫時待在陸地上的魚類棲息。只有當新的環境對我們遙遠的祖先魚類具有吸引力時，牠們才會跨出第一步，使用之前在水中生活時就已具備的器官。時機就是一切。

　　最近地質學的研究指出，植物改變了世界，特別是在入侵陸地之後改變了泥盆紀溪流的特性。植物的根部讓淺溪的兩岸土壤更為穩固。

　　關於恐龍的演化與鳥類的關係，恐龍專家寫了科普書：Lowell Dingus and Timothy Rowe, *The Mistaken Extinction* (New York: W. H. Freeman, 1998); Steve Brusatte, *The Rise and Fall of the Dinosaurs:*

A New History of a Lost World (New York: HarperCollins, 2018); and Mark Norell and Mick Ellison, *Unearthing the Dragon* (New York: Pi Press, 2005).

　　關於赫胥黎對於始祖鳥的研究以及鳥類起源的科普說明，請見：Riley Black, "Thomas Henry Huxley and the Dinobirds," *Smithsonian* (December 2010).

　　諾普查男爵多采多姿的一生，以及他的先驅科學研究，請見：E. H. Colbert, *The Great Dinosaur Hunters and Their Discoveries* (New York: Dover, 1984); Vanessa Veselka, "History Forgot This Rogue Aristocrat Who Discovered Dinosaurs and Died Penniless," *Smithsonian* (July 2016); and David Weishampel and Wolf- Ernst Reif, "The Work of Franz Baron Nopcsa (1877-1933): Dinosaurs, Evolution, and Theoretical Tectonics," *Jahrbuch der Geologischen Anstalt 127* (1984):187–203.

　　歐斯壯的研究工作在1960與1970年代經由許多科學論文發表了，包括了：*Deinonychus:* J. Ostrom, "Osteology of *Deinonychus antirrhopus,* an Unusual Theropod from the Lower Cretaceous of Montana," *Bulletin of the Peabody Museum of Natural History 30* (1969): 91–182. Papers that followed included J. Ostrom, "*Archaeopteryx* and the Origin of Birds," *Biological Journal of the Linnaean Society 8* (1976): 91– 182; and J. Ostrom, "The Ancestry of Birds," *Nature 242* (1973):136–39. For an account of Ostrom's contributions, see Richard Conniff, "The Man Who Saved the Dinosaurs," *Yale Alumni Magazine* (July 2014).

　　最近對於羽毛的起源的研究，從田野研究跨到了發育學，請見：R. Prum and A. Brush, "Which Came First, the Feather or the Bird?," *Scientific American 288* (2014):84– 93; and R. O. Prum, "Evolution of the Morphological Innovations of Feathers," *Journal of Experimental Zoology 304*B (2005):570–79.

第二章

　　迪梅里的故事充滿懸疑與解謎的趣味。他之後養了一大群墨西哥虎螈，如果有研究人員需要，都會慷慨贈與，現在許多實驗室應該都還有當年那些蠑螈的後代，下面這些文章光從標題看不出所以然，但都是最近相關的研究：Duméril is G. Malacinski, "The Mexican Axolotl, *Ambystoma mexicanum:* Its Biology and Developmental Genetics, and Its Autonomous Cell-Lethal Genes," *American Zoologist 18* (1978): 195–206. Some of Duméril's early work appeared in M. Auguste Duméril, "On the Development of the Axolotl," *Annals and Magazine of Natural History* 17(1866): 156–57; and "Experiments on the Axolotl," *Annals and Magazine of Natural History 20* (1876: 446–49.

　　胚胎學領域中幸而有些非常傑出的教科書，推動了這個領域的進展，包括：Michael Barresi and Scott Gilbert, *Developmental Biology* (New York: Sinauer Associates, 2016); and Lewis Wolpert and Cheryll Tickle, *Principles of Development* (New York: Oxford University Press, 2010).

My treatment of von Baer (including his quote on misidentifying embryos in vials) and Pander is based in part on historical work by

Robert Richards, available online at home.uchicago.edu/~rjr6/articles/
von%20Baer.doc.

Stephen Jay Gould's *Ontogeny and Phylogeny* (Cambridge, MA:
Belknap Press, 1985)這本書中的前半部有關於胚胎學的精采歷史，
其中出現的人物包括范貝爾、赫克爾和迪梅里。另有一篇回顧
文章值得一看：B. K. Hall, "Balfour, Garstang and deBeer: The First
Century of Evolutionary Embryology," *American Zoologist 40* (2000):
718–28.

多年來許多人在學校中知道了赫克爾的想法，該領域中的科
學家有的愛他，有的恨他。有些人追隨他的研究，而有些人像是
戈斯登那樣認為他是個騙子。最近的歷史研究中有各種不同的觀
點，請見：Robert Richards, *The Tragic Sense of Life: Ernst Haeckel and
the Struggle over Evolutionary Thought* (Chicago: University of Chicago
Press, 2008)。近來有些胚胎學家認為赫克爾原始的圖，用比較委
婉的說法是，刻意強調出他自己的觀點，請見：M. K. Richardson
et al., "Haeckel, Embryos and Evolution," *Science 280* (1998): 983–85.

Apsley Cherry Garrard, *The Worst Journey in the World* (London:
Penguin Classics, 2006)。這本書是探險文類的經典，我在第一次前
往南極前讀了這本書。我在南極首度見到麥克默多灣（McMurdo
Sound）、哈特角半島（Hut Point）與伊里布斯峰（Mount
Erebus），都有熟悉的感覺。

Walter Garstang, *Larval Forms and Other Zoological Verses* (Oxford:
Blackwell, 1951), was republished by the University of Chicago Press in

1985.

　　至少從戈斯登的時代以來，關於異時發生的論文就很多，並對發育速度與時機加以分門別類。要快速瞭解主要的研究（以及相關的參考文獻），請見：P. Alberch et al., "Size and Shape in Ontogeny and Phylogeny," *Paleobiology 5* (1979):296–317; Gavin DeBeer, *Embryos and Ancestors* (London: Clarendon Press, 1985); and Stephen Jay Gould, *Ontogeny and Phylogeny* (Cambridge, MA: Belknap Press, 89:H)。古爾德的那本書在1980年代造成了很大的影響，使得科學界對這方面的研究重燃興趣。

　　兩生動物的生物學與變態，請見：W. Duellman and L. Trueb, *Biology of Amphibians* (New York: McGraw Hill, 1986); and D. Brown and L. Cai, "Amphibian Metamorphosis," *Developmental Biology 306* (2007):20–33.杜爾曼（Duellman）和楚布（Trueb）的那本書包含了解剖構造、演化和發育。

　　最近的基因組分析確認了被囊動物（tunicate），包括海鞘，是現存親緣關係最接近脊椎動物的一群動物，請見：F. Delsuc et al., "Tunicates and Not Cephalochordates Are the Closest Living Relatives of Vertebrates," *Nature 439* (2006): 965–68。我們對於脊椎動物起源的瞭解，也靠研究另一種現存動物文昌魚（amphioxus），牠的基因組討論見於：L. Z. Holland et al., "The Amphioxus Genome Illuminates Vertebrate Origins and Cephalochordate Biology," *Genome Research 18* (2008):1100–11.

　　戈斯登的理論以及脊椎動物起源的問題，綜合回顧請見：

Henry Gee, *Across the Bridge: Understanding the Origin of Vertebrates* (Chicago: University of Chicago Press, 2018).

多年來，尼夫那個代表性照片引起了很多討論，顯然他使用了剝製標本，最近的討論請見：Richard Dawkins, *The Greatest Show on Earth* (New York: Free Press, 2010)。標本的姿勢很可能是刻意擺出來的，不過年輕黑猩猩與人類顱頂、臉部和枕骨大孔的位置等大小討論，請見下面這些參考資料。

支持人類幼態延續的是：Ashley Montagu, *Growing Young* (New York: Greenwood Press, 1989); and Stephen Jay Gould, *Ontogeny and Phylogeny* (Cambridge, MA: Belknap Press, 1985)。反對意見來自：B. T. Shea, "Heterochrony in Human Evolution: The Case for Neoteny Reconsidered," *Yearbook of Physical Anthropology 32* (1989):69–101。有些特徵的確來自於幼態延續，但是雙足步行就不是了。

D'Arcy Wentworth Thompson, *On Growth and Form* (New York: Dover, 1992)，這篇論文原來在1917年出版，帶來了量化生物學的革命。自此之後，對於形狀改變的形態測量與量化分析，就成為必要的研究內容了。

神經脊在發育和演化的重要性，請見：C. Gans and R. G. Northcutt, "Neural Crest and the Origin of Vertebrates: A New Head," *Science 220* (1983):268–73; and Brian Hall, *The Neural Crest in Development and Evolution* (Amsterdam: Springer, 1999).

普拉特的研究和一生請見：S. J. Zottoli and E. Seyfarth, "Julia B. Platt (1857-1935): Pioneer Comparative Embryologist and

Neuroscientist," *Brain, Behavior and Evolution 43* (1994): 92–106.

第三章

那段真實性可疑的話引自 J. D. Watson, *The Double Helix* (New York: Touchstone, 2001)。華生與克里克的語句,全部引自那篇兩頁篇幅的論文,該篇論文向科學界公布了他們的發現:「我們想要提出一個去氧核糖核酸(DNA)結構的模型,這個結構具有新奇的特徵,具備了生物重要性。」這篇論文是:J. D. Watson and F. Crick, "A Structure for Deoxyribose Nucleic Acid," *Nature* 171 (1953):737–38.

關於DNA功能的發現過程,以及製造出蛋白質的方式,請見:Matthew Cobb, *Life's Greatest Secret: The Race to Crack the Genetic Code* (New York: Basic Books, 2015)。也可參見經典科普書:Horace Freeland Judson, *The Eighth Day of Creation: Makers of the Revolution in Biology* (New York: Simon and Schuster, 1979).

祖克康德和鮑林在1960年代中期開始發表一系列關於新研究的論文,重要的包括:E. Zuckerkandl and L.7Pauling, "Molecules as Documents of Evolutionary History," *Journal of Theoretical Biology* 8 (1965): 357–66; and E. Zuckerkandl and L.Pauling, "Evolutionary Divergence and Convergence in Proteins," 97–166, in V. Bryson and H. J. Vogel, eds., *Evolving Genes and Proteins* (New York: Academic Press, 1965).

祖克康德和鮑林想做的不只是揭露物種之間的親緣關係,他們還認為蛋白質和基因之間的差異，能夠道出物種之間是多久之前彼此分開而獨立演化的。如果在長時間下蛋白質序列改變的速率是相當穩定的，那麼蛋白質的差異可以解釋成時間的差異。

分子時鐘的假設是：在長時間下，蛋白質中胺基酸序列的變化速度是固定的，要利用這個概念，方法之一是知道胺基酸的序列。我們用完整的假設例子來說明，以此來比較蛙、猴和人類。一開始要定序蛋白質，然後計算物種之間有多少胺基酸不同。用皮膚上的一種蛋白質來說好了，蛙類的這種蛋白質，和人類與猴類的有八十個胺基酸不同，人類與猴類的有三十個不同。利用分子時鐘之前，我們需要有化石的年代來定出胺基酸變化的速率，然後用這個速率來計算沒有化石的事件年代。

假設化石證據指出蛙類、猴類和人類在四億年前有共同祖先，為了校正時時鐘，把八十除以四百，得出每百萬年蛋白質改變的速率是0.2%，然後用這個速率計算出人類和猴類有最後的共同祖先年代為：零點二乘以三十，得到是六百萬年前。這只是假設的例子，但說明了一開始定序蛋白質的胺基酸序列，計算序列的差異，用化石估計蛋白質改變的速率，然後可以用這個速率算出沒有化石存在的事件年代。

祖克康德和鮑林想要寫出一篇讓人震驚的論文，以及當時研究的歷史背景，請見：G. Morgan, "Émile Zuckerkandl, Linus Pauling, and the Molecular Evolutionary Clock," *Journal of the History of Biology 31* (1998): 155–78。兩人寫出的論文是：E. Zuckerkandl and L. Pauling, "Molecular Disease, Evolution and Genic Heterogeneity,"

189–225, in Michael Kasha and Bernard Pullman, eds., *Horizons in Biochemistry: Albert Szent Györgyi Dedicatory Volume* (New York: Academic Press, 1962).

祖克康德的口述歷史，請見：“The Molecular Clock,” https://authors.library.caltech.edu/5456/1/hrst.mit.edu/hrs/evolution/public/clock/zuckerkandl.html.

威爾森和金恩的研究採用這種方式，他們最早關於這個重要又引起爭議的分子時鐘論文，指出了人類和黑猩猩的共同祖先距今相當近，請見：A. Wilson and V. Sarich, “A Molecular Time Scale for Human Evolution,” *Proceedings of the National Academy of Sciences 63* (1969): 1088–93。他們的目標是把更多的蛋白質納入分析，更精確地校正分子時鐘。金恩的經典論文是：M. C. King and A. C. Wilson, “Evolution at Two Levels in Humans and Chimpanzees,” *Science 188* (1975): 107–16。他們所說的兩個層次，分別是蛋白質編碼以及基因調節的演化，例如基因的開關。他們指出人類和黑猩猩之間的差異，有許多來自基因啟動的時間與部位；換句話說，就是在基因調節的層次。

他們的研究最近受到了確認，請見：Kate Wong, “Tiny Genetic Differences Between Humans and Other Primates Pervade the Genome,” *Scientific American,* September 1, 2014; and K.7Prüfer et al., “The Bonobo Genome Compared with Chimpanzee and Human Genomes,” *Nature 486* (2012):527–31.

多個網站說明了人類基因組計畫的歷史與影響：“The Human

Genome Project (1990–2003)," The Embryo Project Encyclopedia, https://embryo.asu.edu/pages/human-genome-project-1990-2003; "What Is the Human Genome Project?," National Human Genome Research Institute, https://www.genome.gov/12011238/an-overview-of-the-human-genome-project/; and https://www.nature.com/scitable/topicpage/sequencing-human-genome-the-contributions-of-francis-686.

　　這個計畫產出的主要論文，是人類基因組定序聯盟所發表的："Finishing the Euchromatic Sequence of the Human Genome," *Nature 431* (2004): 931–45; and International Human Genome Sequencing Consortium, "Initial Sequencing and Analysis of the Human Genome," *Nature 409* (2001):860–921.

　　幾本關於人類基因組計畫的重要書籍：Daniel J. Kevles and Leroy Hood, eds., *The Code of Codes* (Cambridge, MA: Harvard University Press,2000); and James Shreeve, *The Genome War: How Craig Venter Tried to Capture the Code of Life and Save the World* (New York: Random House, 2004)。凡特的第一手說明：*A Life Decoded: My Genome: My Life* (New York: Viking Press, 2007).

　　基因組結構和基因數量的論文很多，許多研究計畫由多位傑出的研究人員共同執行。下面這些介紹性論文中有清楚的來龍去脈：A. Prachumwat and W.- H. Li, "Gene Number Expansion and Contraction in Vertebrate Genomes with Respect to Invertebrate Genomes," *Genome Research 18*: (2008):221–32; and R. R. Copley, "The Animal in the Genome: Comparative Genomics and Evolution,"

Philosophical Transactions of the Royal Society, B 363 (2008): 1453–61.
《自然》（*Nature*）期刊有一個很好的入門網站： https://www.
nature.com/scitable/topicpage/eukaryotic- genome-complexity-437.

　　許多人研究基因組，讓科學家能夠比較不同物種的基因和基
因組，最常用的包括*ENSEMBL*：https://useast.ensembl.org/; VISTA,
http://pipeline.lbl.gov/cgi-bin/gateway2; 以及BLAST： https://blast.
ncbi.nlm.nih.gov/Blast.cgi. 動動指尖去看一下，就能夠看到全新的
發現。

　　賈可布和莫納德的經典論文是生物學中最偉大的論文：
"Genetic Regulatory Mechanisms in the Synthesis of Proteins," *Journal
of Molecular Biology 3* (1961):318–56。沒有生物學背景的人可能不
易讀懂，從經典的科普書中可以看到解說詳細的版本：Horace
Freeland Judson, *The Eighth Day of Creation: Makers of the Revolution in
Biology* (New York: Simon and Schuster, 1979).

　　賈可布和莫納德當時研究的背景狀況，在這本書中有有趣又
權威的說明：Sean B. Carroll, *Brave Genius: A Scientist, a Philosopher,
and Their Daring Adventures from the French Resistance to the Nobel Prize*
(New York: Norton, 2013)。我自認很熟悉那兩位科學家了，但是這
本書讓我看到了全新的世界。

　　這本書的作者也寫了關於基因調節影響演化的經典著作：
Endless Forms Most Beautiful: The New Science of Evo Devo (New York:
Norton, 2006).

　　*Sonic hedgehog*這個基因在肢體異常中扮演的角色，請見：

E.7Anderson et al., "Human Limb Abnormalities Caused by Disruption of Hedgehog Signaling," *Trends in Genetics 20* (2017): 1396–408。異常來自於*Sonic hedgehog*活動的改變，或是和*Sonic hedgehog*有交互作用的基因途徑受到了干擾。

　　遠距離的基因開關比較正式的名稱是長範圍促進子（long range enhancer），相關研究可以參閱下面一系列精采的論文：L. A. Lettice et al., "The Conserved *Sonic hedgehog* Limb Enhancer Consists of Discrete Functional Elements That Regulate Precise Spatial Expression," *Cell Reports 20* (2017): 1396–408; L. A. Lettice et al., "A Long- Range *Shh* Enhancer Regulates Expression in the Developing Limb and Fin and Is Associated with Preaxial Polydactyly," *Human Molecular Genetics 12* (2003): 1725–35; and R. Hill and L. A. Lettice, "Alterations to the Remote Control of *Shh* Gene Expression Cause Congenital Abnormalities," *Philosophical Transactions of the Royal Society, B 368* (2013), http://doi.org/10.1098/rstb.2012.0357.

　　許多遠距離外的基因開關目前尚未發現，相關的生物學概論與對於發育和演化的影響，請見：A. Visel et al., "Genomic Views of Distant Acting Enhancers," *Nature 461* (2009): 199–205; H. Chen et al., "Dynamic Interplay Between Enhancer-Promoter Topology and Gene Activity," *Nature Genetics 50* (2018): 1296–303; and A. Tsai and J. Crocker, "Visualizing Long- Range Enhancer Promoter Interaction," *Nature Genetics 50* (2018): 1205–6.

　　蛇的肢體減少以及與*Sonic*基因遠距離促進子的相關變化，

請見：in E. Z. Kvon et al., "Progressive Loss of Function in a Limb Enhancer During Snake Evolution," *Cell 167* (2016): 633–42.

　　基因調節單元（開關）角色改變的論文很多，請見：M. Rebeiz and M. Tsiantis, "Enhancer Evolution and the Origins of Morphological Novelty," *Current Opinion in Genetics and Development 45* (2017): 115–23; and Sean B. Carroll, *Endless Forms Most Beautiful: The New Science of Evo Devo* (New York: Norton, 2006). For the stickleback example, see Y. F. Chan et al., "Adaptive Evolution of Pelvic Reduction in Sticklebacks by Recurrent Deletion of a *Pitx1* Enhancer," *Science 327* (2010): 302–5.

第四章

　　桑莫林多才多藝，曾描述了最早飛行爬行動物翼龍、設計望遠鏡、設計疫苗、分析突變。他最傑出的工作是對發育異常的研究：S. T. von Soemmerring, *Abbildungen und Beschreibungen einiger Misgeburten die sich ehemals auf dem anatomischen Theater zu Cassel befanden* (Mainz: kurfürstl. privilegirte Universitätsbuchhandlung, 1791).

　　一篇關於怪物（發育異常）的重要論文，含有許多資料：P. Alberch, "The Logic of Monsters: Evidence for Internal Constraint in Development and Evolution," *Geobios 22* (1989):21–57.

　　發育異常與畸型的古典詮釋，請見：Dudley Wilson, *Signs and Portents: Monstrous Births from the Middle Ages to the Enlightenment* (New York: Routledge, 1993).

　　傑佛瑞和聖希萊爾對於發育異常的研究成果影響至今，請見：A. Morin, "Teratology from Geoffroy Saint Hilaire to the Present," *Bulletin de l'Association des anatomistes (Nancy)80* (1996): 17–31 (in French).

　　研究畸型對於生物學和醫學的影響與歷史，請參考這個有許多資料的網站："A New Era: The Birth of a Modern De6nition of Teratology in the Early 19th Century," New York Academy of Medicine, https://nyam.org/library/collections-and-resources/digital-collections-exhibits/digital-telling zonders/new-era-birth-modern-definition-teratology-early-19th-century/.

　　貝特森對於變異的經典研究，請見：*Materials for the Study of Variation Treated with Especial Regard to Discontinuity in the Origin of Species* (London: Macmillan, 1894).

　　摩根有位學生後來成就傑出，寫了關於摩根的文章，收在國家科學院人物回憶錄，可在線上參閱：A. H. Sturtevant, *Thomas Hunt Morgan, 1866–1945: A Biographical Memoir* (Washington, DC: National Academy of Sciences, 1959), available online at http://www.nasonline.org/publications/biographical-memoirs/memoir-pdfs/morgan-thomas-hunt.pdf.

　　2014年的傳記電影 *The Fly Room*，主角是布里奇斯。影評請見：Ewen Callaway, "Genetics: Genius on the Fly," *Nature 516* (December 11, 2014), online at https://www.nature.com/articles/516160a.

　　冷泉港實驗室為布里奇斯建立了一個傳記網站：Calvin Blackman Bridges, Unconventional Geneticist(1889–1938), at http://library.cshl.edu/exhibits/bridges.

　　路易斯和布里奇斯的研究史，請見：I. Duncan and G. Montgomery, "E. B. Lewis and the Bithorax Complex," pts. 1 and 2, *Genetics 160* (2002): 1265–72, and 161 (2002): 1–10。一開始，路易斯對於基因複製的興趣要高於發育，因此他對染色體中的這個區域有興趣。

　　染色體上的條紋模式是找到雙胸突變與其他突變的地圖，請見：C. B. Bridges, "Salivary Chromosome Maps: With a Key to the Banding of the Chromosomes of *Drosophila melanogaster*," *Journal of Heredity 26* (1935): 60–64; and C. B. Bridges and T. H. Morgan, *The Third Chromosome Group of Mutant Characters of Drosophila melanogaster* (Washington, DC: Carnegie Institution, 1923).

　　路易斯的經典論文：E. B. Lewis, "A Gene Complex Con-trolling Segmentation in Drosophila," *Nature* 276 (1978): 565–70.

　　同源基因是由兩組人馬在同時期發現的：by W. McGinnis et al., "A Conserved DNA Sequence in Homoeotic Genes of the *Drosophila* Antennapedia and Bithorax Complexes," *Nature 308* (1984): 428–33; and by M. Scott and A. Weiner, "Structural Relationships Among Genes That Control Development: Sequence Homology Between the Antennapedia, Ultrabithorax, and Fushi Tarazu Loci of Drosophila," *Proceedings of the National Academy of Sciences* 81 (1984): 4115–19.

同源基因的發現以及對於演化的影響，完整解說請見：Sean B. Carroll, *Endless Forms Most Beautiful: The New Science of Evo Devo* (New York: Norton, 2006)。 路易斯對於這個問題的回顧，請見： E. B. Lewis, "Homeosis: The First 100 Years," *Trends in Genetics 10*; (1994):341–43.

帕特爾對於明鉤蝦描述，見於：A. Martin et al., "CRISPR/ Cas9 Mutagenesis Reveals Versatile Roles of *Hox* Genes in Crustacean Limb Speci6cation and Evolution," *Current Biology 26* (2016):14–26; and J. Serano et al., "Comprehensive Analysis of *Hox* Gene Expression in the Amphipod Crustacean *Parhyale hawaiensis*," *Developmental Biology 409* (2016):297–309.

同源基因在脊椎動物發育中扮演的角色，請見：D. Wellik and M. Capecchi, "*Hox10* and *Hox11* Genes Are Required to Globally Pattern the Mammalian Skeleton," *Science 301* (2003): 363–67; and D. Wellik, "*Hox* Patterning of the Vertebrate Axial Skeleton," *Developmental Dynamics 236* (2007): 2454–63.

「手部基因」更精確的名稱是*Hoxa-13*和*Hoxd-13*，把小鼠這 些基因刪除的後果，請見：C. Fromental Ramain et al., "*Hoxa-13* and *Hoxd-13* Play a Crucial Role in the Patterning of the Limb Autopod," *Development 122* (1996):2997–3011.

中村哲也和格爾克對於同源基因對魚鰭發育的研究，請見： T. Nakamura et al., "Digits and Fin Rays Share Common Developmental Histories," *Nature 537* (2016):225–28。他們研究的相關報導：

Carl Zimmer, "From Fins into Hands: Scientists Discover a Deep Evolutionary Link," *New York Times,* August 17,2016.

第五章

在解剖學的歷史中，維克－達吉爾的貢獻受到低估。他和歐文一樣，觀察生物之間在形狀上有許多相似性（例如同源），但並沒有推廣這些結果，因此往往很少受到其他人提起。請見：See R. Mandressi, "The Past, Education and Science. Félix Vicq d'Azyr and the History of Medicine in the 18th Century," *Medicina nei secoli 20* (2008): 183–212 (in French); and R. S. Tubbs et al., "Félix Vicq d'Azyr (1746–1794): Early Founder of Neuroanatomy and Royal French Physician," *Child's Nervous System 27* (2011): 1031–34.

現代對於身體器官的複製，也就是肢體同源（serial homology）的相關研究，請見：Günter Wagner, *Homology, Genes, and Evolutionary Innovation* (Princeton, NJ: Princeton University Press, 2018).

最早描寫小眼突變的著作：Sabra Colby Tice, *A New Sex linked Character in Drosophila* (New York: Zoological Laboratory, Columbia University, *1913*).

布里奇斯利用染色體圖譜找到基因複製的現象，請見："Calvin Bridges, "Salivary Chromosome Maps: With a Key to the Banding of the Chromosomes of *Drosophila melanogaster,*" *Journal of Heredity 26* (1935): 60–64.

大野乾的一生，請見：U. Wolf, "Susumu Ohno," *Cytogenetics and Cell Genetics 80* (1998): 8–11; and in Ernest Beutler, "Susumu Ohno, 1982–2000" *Biographical Memoirs* 81 (2012), from the National Academy of Sciences, online at https://www.nap.edu/read/10470/chapter/14.

大野乾的研究經由多篇論文發表，並且有一本書綜合了他對於複製的研究成果：Susumu Ohno, "So Much 'Junk' DNA in Our Genome," 336–70, in H. H. Smith, ed., *Evolution of Genetic Systems* (New York: Gordon and Breach, 1972); Susumu Ohno, "Gene Duplication and the Uniqueness of Vertebrate Genomes Circa 89M;–8999," *Seminars in Cell and Developmental Biology 10* (1999): 517–22; and Susumu Ohno, *Evolution by Gene Duplication* (Amsterdam: Springer, 1970).

Yves Van de Peer, Eshchar Mizrachi, and Kathleen Marchal, "The Evolutionary Significance of Polyploidy," *Nature Reviews Genetics 18* (2017): 411–24; and S. A. Rensing, "Gene Duplication as a Driver of Plant Morphogenetic Evolution," *Current Opinion in Plant Biology 17* (2014): 43–48.

T. Ohta, "Evolution of Gene Families," *Gene 259* (2000): 45–52; J. Thornton and R. DeSalle, "Gene Family Evolution and Homology: Genomics Meets Phylogenetics," *Annual Reviews of Genomics and Human Genetics 1* (2000): 41–73; and J. Spring, "Genome Duplication Strikes Back," *Nature Genetics 31* (2002): 128–129.

　　基因家族與基因家族演化的例子非常多，和視覺息息相關的視蛋白（opsin）基因是一個很好的例子：R. M. Harris and H. A. Hoffman, "Seeing Is Believing: Dynamic Evolution of Gene Families," *Proceedings of the National Academy of Sciences 112* (2015): 1252–53.

　　同源基因是另一個由基因複製所產生的基因家族，對於這種複製的機制與影響的種種不同看法，請見：P. W. H. Holland, "Did Homeobox Gene Duplications Contribute to the Cambrian Explosion?," *Zoologi-cal Letters* 1 (2015): 1–8; G. P. Wagner et al., "*Hox* Cluster Duplications and the Opportunity for Evolutionary Novelties," *Proceedings of the National Academy of Sciences 100* (2003): 14603–6; and N. Soshnikova et al., "Duplications of *Hox* Gene Clusters and the Emergence of Vertebrates," *Developmental Biology 378* (2013): 194–99.

　　有兩篇各自獨立發表的論文研究了 *Notch* 傳訊和基因複製和腦部演化的關聯：I. T. Fiddes et al., "Human Speci6c *NOTCH2NL* Genes Affect Notch Signaling and Cortical Neurogenesis," *Cell 173*(2018): 1356–69; and I. K. Suzuki et al., "Human-Specific *NOTCH2NL* Genes Expand Cortical Neurogenesis Through Delta/Notch Regulation," *Cell 173* (2018): 1370–84.

　　和布列頓長期合作的艾力克‧大衛森（Eric Davidson）追憶了布列頓的一生："Roy J. Britten, 1919–2012: Our Early Years at Caltech," *Proceedings of the National Academy of Sciences 109* (2012): 6358–59。大衛森和布列頓共同發表了一篇論文，該文超越時代，推測了這些序列所具備的意義，刺激了下一代科學家的研

究：R. J. Britten and E. H. Davidson, "Repetitive and Non Repetitive DNA Sequences and a Speculation on the Origins of Evolutionary Novelty," *Quarterly Review of Biology 46* (1971): 111–38.

布列頓描述重複序列以及用以發現這些序列的技術，請見：R. J. Britten and D. E. Kohne, "Repeated Sequences in DNA," *Science 161* (1968): 529–40。簡化版與背景說明的文章：R. Andrew Cameron, "On DNA Hybridization and Modern Genomics," at https://onlinelibrary.wiley.com/doi/ pdf/10.1002/mrd.22034.

龍漫遠實驗室團隊對於新基因起源的研究工作，請見：W. Zhang et al., "New Genes Drive the Evolution of Gene Interaction Networks in the Human and Mouse Genomes," *Genome Biology* 16 (2015): 202–26。新基因的起源是個熱門的研究領域，有些新基因來自於基因複製，但有些不是，相關的機制還需要許多研究：L. Zhao et al., "Origin and Spread of De Novo Genes in *Drosophila melanogaster* Populations," *Science 343* (2014): 769–71.

麥克林托克關於跳躍基因最初的發現，見於：Barbara McClintock, "The Origin and Behavior of Mutable Loci in Maize," *Proceedings of the National Academy of Sciences* 36 (1950): 344–55。後來對於這篇論文的解釋與褒揚，見於：S. Ravindran, "Barbara McClintock and the Discovery of Jumping Genes," *Proceedings of the National Academy of Sciences 109* (2012): 20198–99.

跳躍基因發現史與運作方式，請見：L. Pray and K.7 Zhaurova, "Barbara McClintock and the Discovery of Jumping Genes

(Transposons)," *Nature Education 1* (2008): 169.

美國國家醫學圖書館有麥克林托克論文的線上資料庫，其中包括了書中引用她的話，以及國家科學獎章頒獎給她的典禮上，尼克森總統說的話：https://profiles.nlm.nih.gov/ps/retrieve/Narrative/LL/p-nid/52.

第六章

麥爾的經典著作是：*Animal Species and Evolution* (Cambridge, MA: Harvard University Press, 1963).

高德施密特的那本書是：*The Material Basis of Evolution* (New Haven, CT: Yale University Press, 1940)。讓麥爾發怒的高德施密特論文是："Evolution as Viewed by One Geneticist," *American Scientist 40* (1952): 84–98.

高德施密特的一生，請見：Curt Stern, *Richard Benedict Goldschmidt, 1878–1958: A Biographical Memoir* (Washington, DC: National Academy of Sciences, 1967), at http://www.nasonline.org/publications/biographical-memoirs/memoir-pdfs/goldschmidt-richard.pdf.

麥爾得到重要研究成就的年代，是「演化綜合理論」（Evolutionary Synthesis）形成的時代，高峰期是1940年代末期，當時遺傳學融合到了分類學、古生物學和比較解剖學中。在後來的茶會中，麥爾經常提到新的綜合理論時代將會在1990年代展開，當年他那個世代的研究，會延伸到分子生物學和發育遺傳學，因此他鼓勵身邊的研究生要留意最新的科學文獻。

費雪影響深遠的著作是：*The Genetical Theory of Natural Selection* (London: Clarendon Press, 1930).

林區的論文是：V. J. Lynch et al., "Ancient Transposable Elements Transformed the Uterine Regulatory Landscape and Transcriptome During the Evolution of Mammalian Pregnancy," *Cell Reports 10* (2015): 551–61; and V. J. Lynch et al., "Transposon-Mediated Rewiring of Gene Regulatory Networks Contributed to the Evolution of Pregnancy in Mammals," *Nature Genetics 43* (2011): 1154–58.

林區對於這個問題的回顧：G. P. Wagner and V. J. Lynch, "The Gene Regulatory Logic of Transcription Factor Evolution," *Trends in Ecology and Evolution* 23(2008): 377–85; and G. P. Wagner and V. J. Lynch, "Evolutionary Novelties," *Current Biology 20* (2010): 48–52。這項研究的靈感來自於麥克林托克：B. McClintock, "The Origin and Behavior of Mutable Loci in Maize," *Proceedings of the National Academy of Sciences 36* (1950): 344–55; and the seminal paper by R. J. Britten and E. H. Davidson, "Repetitive and Non Repetitive DNA Sequences and a Speculation on the Ori-gins of Evolutionary Novelty," *Quarterly Review of Biology 46* (1971): 111–38.

跳躍基因轉變成為基因組中有用片段的過程，也稱為「馴化」（domestication），這是個研究活躍的領域，一些論文和參考資料如下：D. Jangam et al., "Transposable Element Domestication as an Adaptation to Evolutionary Conflicts," *Trends in Genetics 33* (2017):

817–31; and E. B. Chuong et al., "Regulatory Activities of Transposable Elements: From Conflicts to Bene6ts," *Nature Reviews Genetics 18* (2017): 71–86.

　　有一篇關於合胞素的回顧論文佳作： C. Lavialle et al., "Paleovirology of 'Syncytins,' Retroviral env Genes Exapted for a Role in Placentation," *Philosophical Transactions of the Royal Society of London, B 368* (2013): 21020507; and H. S. Malik, "Retroviruses Push the Envelope for Mammalian Placentation," *Proceedings of the National Academy of Sciences 109* (2012): 2184–85。合胞素的發現，請見： S. Mi et al., "Syncytin Is a Captive Retroviral Envelope Protein Involved in Human Placental Morphogenesis" *Nature 403* (2000): 785–89; J. Denner, "Expression and Function of Endogenous Retroviruses in the Placenta," *APMIS 124* (2016): 31–43; A. Dupressoir et al., "Syncytin-A Knockout Mice Demonstrate the Critical Role in Placentation of a Fusogenic, Endogenous Retrovirus-Derived, Envelope Gene," *Proceedings of the National Academy of Sciences 106* (2009): 12127–32; and A. Dupressoir et al., "A Pair of Co-Opted Retroviral Envelope Syncytin Genes Is Required for Formation of the Two Layered Murine Placental Syncytiotrophoblast," *Proceedings of the National Academy of Sciences 108* (2011): 1164–73.

　　反轉錄病毒在胎盤演化中所扮演角色的概論，請見：D. Haig, "Retroviruses and the Placenta," *Current Biology 22* (2012): 609–13.

　　目前也在具備類似胎盤結構的其他物種（例如蜥蜴）中發現了合胞素：See G. Cornelis et al., "An Endogenous Retroviral Envelope Syncytin and Its Cognate Receptor Identified in the Viviparous Placental *Mabuya* Lizard," *Proceedings of the National Academy of Sciences 114* (2017): E10991–E11000.

　　病毒走入死巷或是受到馴化的研究，現在自成一個領域，稱為「古病毒學」（paleovirology），詳細的內容請見：M. R. Patel et al., "Paleovirology—Ghosts and Gifts of Viruses Past," *Current Opinion in Virology 1* (2011): 304–9; and J. A. Frank and C. Feschotte, "Co-option of Endogenous Viral Sequences for Host Cell Function," *Current Opinion in Virology 25* (2017): 81–89.

　　薛帕德對於*Arc*的研究，請見：E. D. Pastuzyn et al., "The Neuronal Gene *Arc* Encodes a Repurposed Retrotransposon Gag Protein That Mediates Intercellular RNA Transfer," *Cell 172*(2018): 275–88。對於這篇論文，楊恩為一般讀者寫的文章："Brain Cells Share Information with Virus Like Capsules," *Atlantic* (January 2018).

第七章

　　古爾德從課堂內容所衍伸出來的書是：Stephen Jay Gould, *Wonderful Life: The Burgess Shale and the Nature of History* (New York: Norton, 1986).

　　蘭克斯得對於生物演化中退化與重複性的研究，請見：E. R. Lankester, *Degeneration: A Chapter in Darwinism* (London: Macmillan,

1880); and E. R. Lankester, "On the Use of the Term 'Homology' in Modern Zoology, and the Distinction Between Homogenetic and Homoplastic Agreements," *Annals and Magazine of Natural History 6* (1870): 34–43.

趨同演化和平行演化的討論，請見：Simon Conway Morris, *Life's Solution: Inevitable Humans in a Lonely Universe* (Cambridge, UK: Cambridge University Press, 2003)。該書作者立場堅決，認為所有演化結果都是不可避免的。相反地，有一本書則好好平衡說明了演化中的機率和必然性：Jonathan Losos, *Improbable Destinies: Fate, Chance and the Future of Evolution* (New York: Riverhead, 2017)。

蠑螈噴出舌頭的精彩影片：https://www.you tube.com/watch?v=mRrIITcUeBM.

用科學方法解析讓這個超強能力得以產生的身體構造，請見：S. M. Deban et al., "Extremely High Power Tongue Projection in Plethodontid Salamanders," *Journal of Experimental Biology 210* (2007): 655–67.

韋克的噴射舌頭論文堪稱經典：R. E. Lom-bard and D. B. Wake, "Tongue Evolution in the Lungless Salamanders, Family Plethodontidae IV. Phylogeny of Plethodontid Salamanders and the Evolution of Feeding Dynamics," *Systematic Zoology 35* (1986): 532–51.

噴射舌頭屬於演化中的驚人重複現象，請見：D. B. Wake et al., "Transitions to Feeding on Land by Salamanders Feature Repetitive Convergent Evolution," 395–405, in K. Dial, N. Shubin, and E. L.

Brainerd, eds., *Great Transformations in Vertebrate Evolution* (Chicago: University of Chicago Press, 2015).

　　凍死蠑螈的分析，請見：N. H. Shubin et al., "Morphological Variation in the Limbs of *Taricha Granulosa* (Caudata: Salamandridae): Evolutionary and Phylogenetic Implications," *Evolution 49* (1995):874-84。這些蠑螈結構模式的演化詮釋與預期性，請見：N. Shubin and D. B. Wake, "Morphological Variation, Development, and Evolution of the Limb Skeleton of Salamanders," 1782-808, in H. Heatwole, ed., *Amphibian Biology* (Sydney: Surrey Beatty, L;;N); N. Shubin and P. Alberch, "A Morphogenetic Approach to the Origin and Basic Organization of the Tetrapod Limb," *Evolutionary Biology 20* (1986):319–87; N. B. Fröbisch and N. Shubin, "Salamander Limb Development: Integrating Genes, Morphology, and Fossils," *Developmental Dynamics 240* (2011): 1087–99; N. Shubin and D. Wake, "Phylogeny, Variation and Morphological Integration," *American Zoologist 36* (1996):51–60; and N. Shubin, "The Origin of Evolutionary Novelty: Examples from Limbs," *Journal of Morphology 252* (2002):15–28.

　　韋克寫了一些通論文章，說明演化中的重複現象讓我們了解到改變的機制：D. B. Wake et al., "Homoplasy: From Detecting Pattern to Determining Process and Mechanism of Evolution," *Science 331* (2011):1032–35; and D. B. Wake, "Homoplasy: The Result of Natural Selection, or Evidence of Design Limitations?," *American Naturalist 138*: (1991): 543–61.

其他對於演化重複現象的學術回顧論文：B. K. Hall, "Descent with Modification: The Unity Underlying Homology and Homoplasy as Seen Through an Analysis of Development and Evolution," *Biological Reviews of the Cambridge Philosophical Society 78*(2003): 409–33.

加勒比地區蜥蜴的評論論文：Jonathan Losos, *Improbable Destinies: Fate, Chance and the Future of Evolution* (New York: Riverhead, 2017).

黎奇・蘭斯基（Rich Lenski）在密西根州立大學的實驗室從1998年起就利用細菌進行一個長時間的實驗。這個實驗可直接觀察到許多演化變化，讓人看到正在發生的演化事件。該實驗的大膽之處在於時間長度，下面這篇評論論文說明了演化中偶然事件與必然事件之間複雜的關係。Z. Blount, R. Lenski, and J.Losos, "Contingency and Determinism in Evolution: Replaying Life's Tape," *Science 362:6415* (2018): doi: 10.1126/scienceaam5979.

第八章

馬古利斯的原始論文是：L. [Margulis] Sagan, "On the Origin of Mitosing Cells," *Journal of Theoretical Biology 14* (1967): 225–74。關於這個理論，她寫了一本涵蓋內容廣泛的書：Lynn Margulis, *Symbiosis in Cell Evolution: Life and Its Environment on the Early Earth* (San Francisco: Freeman, 1981)。她回顧過去的談話摘自《發現》（*Discover*）雜誌在2011年對她的訪談，請見網站：http://discovermagazine.com/2011/apr/16- interview-lynn-margulis-notcontroversial-right.

　　最近的發展與參考資料：J. Archibald, *One Plus One Equals One: Symbiosis and the Evolution of Complex Life* (Oxford: Oxford University Press, 2014); L. Eme et al., "Archaea and the Origin of Eukaryotes," *Nature Reviews Microbiology 15* (2017): 711–23; J. M. Archibald, "Endosymbiosis and Eukaryotic Cell Evolution," *Current Biology 25* (2015): 911–21; and M. O'Malley, "Endosymbiosis and Its Implications for Evolutionary Theory," *Proceedings of the National Academy of Sciences 112* (2015): 10270–77.

　　下面幾本書對於地球早期生命史的介紹，豐富又有趣：Andrew Knoll, *Life on a Young Planet: The First Three Billion Years of Evolution on Earth* (Princeton, NJ: Princeton University Press, 2004); Nick Lane, *The Vital Question: Energy, Evolution, and the Origins of Complex Life* (New York: Norton, 2015); and J. William Schopf, *Cradle of Life: The Discovery of Earth's Earliest Fossils* (Princeton, NJ: Princeton University Press, 1999).

　　夏夫對於頂燧石碳同位素分析的合作工作，請見：J. W. Schopf et al., "SIMS Analyses of the Oldest Known Assemblage of Microfossils Document Their Taxon Correlated Carbon Isotope Compositions," *Proceedings of the National Academy of Sciences 115* (2018): 53–58.

　　個體性的意義和演化在這本小書中的討論有很大的影響力：Leo Buss, *The Evolution of Individuality* (Princeton, NJ: Princeton

University Press,1988)。作者關注的是個體的意義，以及新的個體
與選擇階層出現時天擇運作的方式。

產生新類型個體的方式以及這些個體對演化的影響，請
見：John Maynard Smith and Eörs Szathmáry, *The Major Transitions in
Evolution* (Oxford: Oxford University Press, 1998).

金恩對於領鞭毛蟲的精采演說，請見："Choanoflagellates and
the Origin of Animal Multicellularity" is online at https://www.ibiology.
org/ecology/choanoflagellates/.

領鞭毛蟲的研究，請見：T. Brunet and N. King, "The Origin
of Animal Multicellularity and Cell Differentiation," *Developmental Cell
43* (2017):124–40; S. R. Fairclough et al., "Multicellular Development
in a Choanoflagellate," *Current Biology 20* (2010):875–76; R. A. Alegado
and N. King, "Bacterial Influences on Animal Origins," *Cold Spring
Harbor Perspectives in Biology 6* (2014): 6:a016162; and D. J. Richter and
N. King, "The Genomic and Cellular Foundations of Animal Origins,"
Annual Review of Genetics 47 (2013): 509–37.

這篇CRISPR-Cas的入門好文章作者之一是該技術的發展者，
文中包括了相關的歷史：Jennifer Doudna and Samuel Sternberg, *A
Crack in Creation: Gene Editing and the Unthinkable Power to Control
Evolution* (New York: Houghton Miffin Harcourt, 2017).

結語

里奇峰位於南極洲維多利亞地（Victoria Land），我們身為美

國南極計畫（U.S. Antarctic Program）的成員而造訪該地，這項計畫由美國國家科學基金會資助，編號為1543367。

致謝
Acknowledgments

　　這本書獻給我已逝的父母：西摩爾與葛羅莉亞·蘇賓，謝謝他們培養我對於自然世界的愛好，對自然運作的好奇心，以及寫一個好故事的重要性。我的父親是小說家，他覺得科學知識並不容易消化，我把他當成我之前著作的目標讀者。如果他喜歡書中的故事並且也瞭解了其中的科學，我就知道我做對了。他的精神依然與這本書同在。

　　這是我和繪者卡里歐皮·莫諾由斯（Kalliopi Monoyios）合作的第三本書。她對科學充滿熱情，並且對於用圖畫說故事的眼光銳利，在這本書中的圖也不例外。她詳研草圖，取得許可，並且在找出書中情節和科學的漏洞，這是無價的貢獻。她的網頁是www.kalliopimonoyios.com，IG帳號是kalliopi.monoyios。

　　下列人士慷慨提供了關於自己所做科學的故事、個人經歷或是概念：Cedric Feschotte、Bob Hill, Mary- Claire King、Nicole King、Chris Lowe、Vinny Lynch、Nipam Patel、Jason Shepherd與David Wake。John Novembre、Michele Seidl、Kalliopi Monoyios研讀了文章與草圖，給予了重要的建議。任何對於個人經歷的錯誤詮

釋和科學錯誤，當然是我自己犯下的。

　　我實驗室的成員忍受我消失三年，我感謝之前和現在的實驗室成員：Noritaka Adachi、Melvin Bonilla、Andrew Gehrke、Katie Mika、Mirna Marinic、Tesuya Nakamura、Atreyo Pal、Joyce Pieretti、Igor Schneider、Gayani Senevirathne、Tom Stewart、Julius Tabin。他們做出了很好的科學結果，推動我前進，也帶給我靈感。我很幸運有能夠推動我科學與科普工作的合作者，包括我最近在南極的田野團隊、合作的研究人員，和教我分子生物學的科學家，他們是：Sean Carroll、Ted Daeschler、Marcus Davis、John Long、 Adam Maloof、Tim Senden、José- Luis Gomez Skarmeta、Cliff Tabin。

　　「沒有哪件事情是在你所想的那個時間才開始的。」書中的概念是我在哈佛大學唸研究所與後來在加州大學柏克萊分校從事研究的時候形成的，在這些時間，我有機會和一些人互動，他們的想法和研究方法深深影響了我的世界觀：Pere Alberch、Stephen Jay Gould、Ernst Mayr、David Wake。當時一些研究生對我有很大的影響：Annie Burke、Edwin Gilland、Greg Mayer。和這些人的討論與爭辯讓我的思想具體化。

　　本書大部分的內容是我擔任美國麻州伍茲赫爾海洋生物實驗室的主任時寫作的。海洋生物實驗室是學習和研究科學的好地方，當地氛圍適合居住，每年都有生命科學界的研究人員來訪。在海洋生物實驗室的莉莉圖書館（Lillie Library）寫作，讓我和一些研究室的前輩產生了連結，他們的研究成為頭幾章的基礎：普拉特、惠特曼、摩根和祖克康德。華爾菲特（The Wellfleet）、伊斯特漢（Eastham）、奧良（Orleans）與特魯托（Truro）等圖書館也清新乾淨，每個夏天我在這些圖書館中寫作。

我的經紀人卡丁克‧馬森（Katinka Matson）、馬克思‧布洛克曼（Max Brockman）和羅素‧魏伯格（Russell Weinberger）一直支持我並且負責這個計畫。唐恩‧法朗克是我三本書的編輯，每本書對我來說都像是寫作與出版的大師課程。唐恩鼓勵我，催促我改稿，並且充滿耐心。我的英國編輯山姆‧卡特（Sam Carter）也經常帶來鼓勵。唐恩的助理凡尼莎‧李‧霍頓（Vanessa Rae Haughton）從頭到尾愉快地指引這個寫作計畫。萬神殿出版社（Pantheon）的企劃與校對人員也出力甚多：Roméo Enriquez、Ellen Feldman、Janet Biehl、Chuck Thompson、Laura Starrett。安娜‧奈頓（Anna Knighton）負責版面設計，佩瑞‧迪‧拉‧維加（Perry De La Vega）利用本書的主題設計出漂亮的封面，謝謝他們。我和萬神殿出版社的克拉克美智子（Michiko Clark）及出版團隊工作相處得很愉快。

我的家人和這個寫作計畫相處了五年，他們得忍受我經常不在家，以及在家的時候無止盡的討論化石、DNA和生命演化史。一路上我的妻子蜜雪兒‧賽德爾（Michele Seidl）與孩子納撒尼爾（Nathaniel）與漢娜（Hannah）相伴，這條路有如演化：充滿曲折變化，當然也充滿驚喜。

圖片版權
Illustration Credits

除非另有說明，所有圖片皆屬於公共領域。

35頁　© Kalliopi Monoyios

36頁　© The Metropolitan Museum of Art; used with permission

45頁　Deinonychus © Paul Heaston, used with permission; silhouette © Kalliopi Monoyios

49頁　From F. M. Smithwick, R. Nicholls, I. C. Cuthill, and J. Vinther(2017), "Countershading and Stripes in the Theropod Dinosaur Sinosauropteryx Reveal Heterogeneous Habitats in the Early Cretaceous Jehol Biota" (http://www.cell.com/currentbiology/fulltext/S0960-9822(17)31197-1), *Current Biology*. DOI:10.1016/j.cub.2007.09.032 (https://doi.org/10.1016/j.cub.2017.09.032), used under CC BY 4.0 International

65頁　Scott Polar Research Institute, University of Cambridge; used with permission

67 頁 From Walter Garstang, Larval Forms and Other Verses

69 頁 © Kalliopi Monoyios

73 頁 © Kalliopi Monoyios

83 頁 Courtesy of Stanford University's Hopkins Marine Station

107 頁 © Kalliopi Monoyios

108 頁 By Marc Averette, used under CC BY 3.0 Unported

114 頁 © Kalliopi Monoyios

128 頁 © Kalliopi Monoyios

129 頁 © 2011 Wolfgang F. Wülker, from W. F. Wülker et al.,"Karyotypes of *Chironomus Meigen* (Diptera: Chironomidae)Species from Africa," *Comparative Cytogenetics* 5(1): 23-46, https://doi. org/10.3897/compcytogen.v511.975, used under CC BY 3.0

130 頁 From the archives of the Smithsonian Institution; used with permission

132 頁 © Kalliopi Monoyios

134 頁 Image by Howard Lipschitz, reprinted with kind permission of Springer Nature, The Netherlands

137 頁 © Kalliopi Monoyios

140 頁 © Kalliopi Monoyios

146 頁 © Kalliopi Monoyios

148 頁 © Kalliopi Monoyios

153 頁 Andrew Gehrke and Tetsuya Nakamura, University of Chicago

160 頁 Courtesy of City of Hope Archives; used with permission

鷹之眼 02

我們身體裡的生命演化史
演化如何打造出身體，而身體的演化又如何構成新的物種？
一部關於器官、組織、細胞、DNA長達40億年的故事。
A BRIEF HISTORY OSOME ASSEMBLY REQUIRED:
Decoding Four Billion Years of Life, from Ancient Fossils to DNAes

作者：尼爾‧蘇賓（Neil Shubin）｜譯者：鄧子衿｜副總編輯：成怡夏｜責任編輯：成怡夏｜行銷企劃：蔡慧華｜封面設計：莊謹銘｜內頁排版：宸遠彩藝｜社長：郭重興｜發行人暨出版總監：曾大福｜出版：遠足文化事業股份有限公司／鷹出版｜發行：遠足文化事業股份有限公司｜地址：231新北市新店區民權路108-2號9樓｜電話：02-2218-1417｜傳真：02-8661-1891｜客服專線：0800-221-029｜法律顧問：華洋法律事務所／蘇文生律師｜印刷：成陽印刷股份有限公司｜出版日期：2021年8月初版一刷｜定價：新台幣450元

國家圖書館出版品預行編目(CIP)資料

我們身體裡的生命演化史: 演化如何打造出身體,而
身體的演化又如何構成新的物種?一部關於器官、
組織、細胞、DNA長達40億年的故事。/尼爾.蘇賓
(Neil Shubin)作;鄧子衿譯. -- 初版. -- 新北市:遠足文
化事業股份有限公司鷹出版:遠足文化事業股份有
限公司發行, 2021.08
面;　公分. -- (鷹之喙;2)
譯自: Some assembly required : decoding four billion years
　　of life,from ancient fossils to DNA
ISBN 978-986-06328-8-0(平裝)

1.演化生物學

362   110008307